人间是道场

Ren

Jian

周月亮／著

Shi

Dao

Chang

团结出版社

© 团结出版社，2024 年

图书在版编目（ＣＩＰ）数据

人间是道场 / 周月亮著 . -- 北京：团结出版社，

2024. 12. -- ISBN 978-7-5234-1254-1

Ⅰ. B821-49

中国国家版本馆 CIP 数据核字第 2024RA0374 号

责任编辑：夏明亮
封面设计：萧宇岐

出　　版：团结出版社
　　　　　（北京市东城区东皇城根南街 84 号　邮编：100006）
电　　话：（010）65228880　65244790
网　　址：http://www.tjpress.com
E-mail：zb65244790@vip.163.com
经　　销：全国新华书店
印　　装：三河市万龙印装有限公司

开　　本：128mm×183mm　　32 开
印　　张：8.25　　　　　　　字　　数：145 千字
版　　次：2024 年 12 月　第 1 版　　印　　次：2024 年 12 月　第 1 次印刷

书　　号：978-7-5234-1254-1
定　　价：48.00 元
　　　　　（版权所属，盗版必究）

诸恶不作名为戒，
众善奉行名为慧，
自净其意名为定。

——《坛经》

编撰说明

一、虽力求选得面广话好，但经、律、论三藏浩如烟海，重要的往往无趣，有趣的往往不重要。现在面对初学又稍避俗滑，不敢说找准了雅俗共赏的内在标准。

二、"助解"除简要疏通文句外，遂顺便介绍一点佛学常识，适度牵引一点释家类似的箴言。旨在帮助读者举一反三。

三、人为地划分了十二类，类与类之间的秩序努力既体现佛学体系的内在结构，也想让读者亲切起意。

目　录

善惡自擇

众生无边誓愿度，烦恼无量誓愿断。

法门无尽誓愿学，无上菩提誓愿成。

——智顗《摩诃止观》卷十

【助解】此"四弘誓愿"在《道行般若经》《菩萨本业经》中语词简略。大意一致。传说：释迦牟尼在尼连禅河西岸的毕钵罗树（后改称为菩提树）下修成"正觉"以后，曾向世界这样庄严宣告（后两愿像是成佛之前的话）。后来"四弘"在不同的经、论中词句依然有因革差别。智顗在《摩诃止观》（卷五）中说：前两愿发的是"大悲心"，要普度众生；后两愿则是"大慈心"，要解悟一切。在佛教传统中，凡要想修行大乘成菩萨果位的都以此"四弘"为因地上发起的信心、也是各宗派修行的通规、为宗旨纲要。

《坛经》中慧能领着众人三颂这四弘誓后，接着讲："善知识，'众生天边誓愿度'，不是慧能度善众弘，心中众生各于自身自性自度。何名'自性自度'？自色身中邪见、烦恼、愚痴、迷妄。自有本觉性、将正见度，既悟正见般若之智，除却愚痴迷妄，众生各各自度。邪来正度，迷来悟度，愚来智度，恶来善度，烦恼来菩提度。如是度者，是名'真度'。"

发大心、修大行、感大果、裂大网、归大处。

——智顗《摩诃止观》卷一

【助解】 发心起信是修行的第一步。皈依佛教不但要虔信佛门的教义、学理，还要全心全意地去践履。能修成正果便跳出了生死轮回。这是善品发大心的情况。与此相反，上品十恶"发地狱心行火途道"，中品十恶"发畜生心行血途道"，下品十恶"发鬼心行刀途道。"

智顗号召包括自己在内的佛门信徒，都要做到这几"大"。他是这样解释的：为什么要发大心？因为"众生皆颠倒不自觉知"，必须下舍身求法的决心去劝喻他们。单发心，不践履，"望路不动，永无达期"，所以还必须"修大行"。发大心、修大行是为了感召佛以高位的果来应。感是众生的事，应是佛的事，合称感应。果位与修行的因位有错综关系。在种种经论中"执此疑彼"就钻入了观念的牢笼，必须"融通"、"解结"，而且要不断地突破，不能"住"，这就叫"裂大网"。谭嗣同的《仁学》表示冲决了旧罗网，还必须再冲决新罗网，不休歇地冲决下去，最典范地体现了这一精神。归大处便是证悟到了"随心所欲不逾矩"的自由通明的圣智了。

　　智顗（538-597），天台宗实际上开宗立教的智者大师。给隋炀帝杨广受菩萨戒，杨广尊师号"智者"。智顗在天舌山华顶降伏强软两魔，被后人誉为"东土小释迦"。所著《法华玄义》《摩诃止观》等是天台宗代表性著作。

毁誉不动如须弥，于善不善等以慈，心行平等如虚空。

　　　　　　　　——《维摩诘所说经·佛国品》

　　【助解】要进入到佛国必须修证到"心行平等"。值得注意的是"虚空"与"平等"的关系：佛教的虚空不是一般的虚无主义，而是看着什么都一样——都是空的，就不再妄作分别。

人生几度逢春景，何不于中种福田？

　　　　　　　　——《法演禅师语录》卷下

　　【助解】生命是短暂的，不抓紧修功德、种福田，便像农夫在春天不种地，使田园荒芜，秋后一无所获一样。这个道理适合于做任何事情。

不求名利不求儒，愿乐空门舍俗徒。

烦恼尽时愁火灭，恩情断处爱河枯。

六根戒定香飘引，一念无生慧力扶。

为报北堂休怅望，譬如死了譬如无。

——《筠州洞山悟本禅师语录》

【助解】不求儒：不求做儒士，不走儒生那条效忠君王、光宗耀祖的道路。"愿乐空门"句：愿意进佛门做离开现实生活的人。"烦恼尽时"句：断尽烦恼，忧愁的火焰自然就熄灭了。爱河枯：在释家教义中是件好事。因为爱是贪、痴的"因"，也是贪、痴的主要表现形式；而贪、痴是滋生各种"随烦恼"的根本烦恼。爱欲溺人，所以比喻为河。六：指眼、耳、鼻、舌、身、意；根："能生"的意思。如眼根对色境而生眼识，意根对法境而生意识，所以叫做"根"。戒定：戒、定、慧三学是佛学的基干。戒是修持佛门的戒律，定即人所共知的禅定。一念："一心正念，皈依佛法"的缩语。无生：佛教的一个重要观念；涅槃是无生无灭的。要修至涅槃福地要时刻秉持着"无生观"以破除生灭之烦恼。这在佛教中叫修习"止"的功夫。慧：即般若，戒、定、慧三学最重要的部分。"一念无生"全靠智慧的力量来扶持。北堂：指母亲。

决心要出家的修行人反复吟诵此"软言"（充满了佛理的人

性话）会生正感正受正住。

何谓喜？欢悦柔软，施而无悔。
何谓爱护？随其方便，触类善救。
津梁会通，务存弘济。

——《贤者德经》

【**助解**】喜：眼等"五识"欢悦叫"乐"，"意识"欢悦叫
"喜"。爱护：爱而护之，是"利他"，慈悲心的表现，这里的爱不
同于自娱的贪痴之爱。方便："利物有则云方，随时而施曰便"。
"方"是方正之理、原则；"便"是灵活机动。二者结合得好才
能成功，释家有"方便教"一说。触类善救：面对（触）具体对象
（类）用最好的办法去救助（善救）。津：河；梁：桥；会通：很好
地结合起来。"触类善救，津梁会通"都是以上所说的"方便"。务
存弘济：不管在任何情况下，都要奉行"四弘"原则，济度众生。在
"利他"中能获得"喜"意识，是大乘佛教的特色，也是大乘佛教
能培育出志士仁人（如谭嗣同、章太炎等）的奥秘之所在。

信为道元功德母，增长一切诸善法。除灭一切
诸疑惑，示现开发无上道。

——《华严经》卷六

【助解】不疑为信。佛教讲的"信"是不怀疑真如涅槃之理、不怀疑"三宝"（佛、法、僧）之净德、世出世之善根，从而能使心澄静。道元：大道的基础、根本。信是求觉悟的起点。佛言通行至涅槃的是善道，功德：修功有所得。只有坚信佛法才能真诚地去修行，所以称"信"为功德母。无上道：无上正等菩提。因为菩提胜过一切，所以称为"无上"。

释家再讲求"智"的修证，它也是一个宗教体系，所以信仰还是根本。不信便失去了学或悟的前提。智顗说："佛法如海，唯信能入。"（《摩诃止观》卷五）不入终是外道，一旦切入佛理，便可以沿其轨道增长善法，除灭疑惑了。

信故不谤，智故不惧，初后俱是。

——智顗《摩诃止观》卷一

【助解】信佛就不会谤毁佛了。有了佛学的智慧便不惧怕什么了。无论是"初发心"还是"开悟后"，都要将信与智结合起来。"信"和"智"犹如车之两轮、鸟之双翼，缺一不可。若无信仰，单靠聪明，很难正受、开佛知见，更无法融通无量法门。若不开悟，以众生知见在烦恼海中折腾，便会镇日颠倒梦想恐怖，或愚妄自大，以为是国王、以为自己信佛就成佛了，这反而是一种"恶堕"

（叫"上慢"），等于把刃自伤、抱炬自烧。

或解不兼信，而兹邪见；
或信不兼解，而长无明。

——延寿《唯心诀》

【助解】若是单靠理解而不同时发起信心就会滋生出大逆不道的偏见。若是单靠信仰而不去理解教义学理，就成了迷信，会增长愚痴。

延寿（904～975）五代、宋之际法眼宗僧人。在明州雪窦山传法，法席很盛，主张禅、教（禅宗以外诸宗）一致，编成《宗镜录》一百卷，调和了各宗派的分歧。著有《万善同归集》《唯心诀》等。延寿的学问、理论水平在古往今来的高僧中是一流的。关于信与解（智）的关系再也没有比他说得更简明又通达的了。

法即无顿渐，迷悟有迟疾。

——《坛经·般若品》

【助解】佛法本身是不分什么顿悟门、渐修门的，只是人的根机有的迟钝、有的猛利，所以才有"迷"和"悟"的差别。

《坛经》说："愚人智人，佛性本无差别。只缘迷悟，迷即为愚，悟即成智。"

最早的法海本与这通行本字句有别："法无顿渐，人有利钝。迷即渐劝，悟人顿修。"接着，慧能宣布："我此法门，从上以来，顿渐皆立无忘为宗，无相为体，无住为本。"

佛法有二种健人：一者不作诸恶，二者作已能悔。

——智顗《童蒙止观》

【助解】"健"的含义可以从释家弟子那种"结跏趺坐"称"健勇坐"而有所参证。

佛教跟基督教一样重视"忏悔"，不但经、律、论三藏中屡屡议论，而且寺院中有一种"说戒"制度，让僧人将所犯罪过交待出来以求增善除恶。佛教的忏悔有"十法"，什么"明信因果"、"生重怖畏"、"深起惭愧"、"发露先罪"、"起护法心"，等等，旨在"后不再造"。佛教是讲善人恶人最后都得成佛的，"悔"是恶人弃恶向善的法门，也是善人更上层楼的发心起信的功课。

惭愧得具足，能得无为道。

——《十诵比丘波罗提木叉戒本》

【助解】无为：无因缘的造作，没有生、异、住、灭四相的造作。只有涅槃（并不是死，死还要转生的）才称得上无为。无为道就是涅槃智慧。——出离轮回清净无为的概本智慧。

惭愧是破除"我执"（执着于"我相"的偏见），割弃放逸、疑、慢等"根本惑"的利剑。所以"我佛"明诏大号，让僧俗不歇地惭愧。如《十诵比丘尼波罗提木叉戒本》要求尼姑"乃至小罪中，心应大怖畏"。惭愧是一种拴住心猿的办法，"系心不放逸，亦如猴著锁"。

成就无上道，什么都要求"具足"：持具足戒、知见具足，对凡夫来说最严峻的考验是"忏悔具足"

忽悟大乘真忏悔，除邪行即无罪。

——《六祖大师法宝坛经·忏悔品》

【助解】忏是陈露先罪，悔是后不再造、改往修来。能够观罪性空、知罪性无依，就能转业力、除邪行了。本经"般若品"说："常自见己过，与道即相当。"自见己过就是忏悔——就是"道"了。但"真忏悔"了还必须继之以"除邪行正"、"断恶修善"，否则还会再造。严格地说，从深层因果生忏悔心，后不再造，才叫真忏悔。

善人行善，从乐入乐，从明入明。

恶人行恶，从苦入苦，从冥入冥。

——《无量寿经》卷下

【解释】从乐入乐：由乐生乐，从快乐走向更大的快乐。它的本意是：善本身于人于己都是种福乐，再行善于人便进入更大的福地。从明入明：由智生智，世界便一片光明。极讲因缘果报的佛教认为每个人都在各自滚着自己的雪球，"从乐入乐，从明入明"是一种滚法；"从苦入苦，从冥入冥"是另一种滚法。选择哪一种呢？就看你发什么心、起哪种信了。"初发心"就是对入口处的选择。

善恶追人，如影逐形，不可得离，罪福之事，亦皆如是。勿作狐疑，自堕恶道。

——《阿难问事佛凶吉经》

【助解】《阿难问事佛凶吉经》，一卷，汉安世高译。阿难问佛吉凶，佛答持戒是吉，犯戒是凶。并问答杀生恶意之果报，问答末世俗弟子之理生事。善业恶业追逐人的一念一方一行，就像影子跟随人一举一动。善则得福，恶则获罪。所以必须"发大心，起大信"，在善恶的入口处任何疑惧、畏缩、含糊、怯懦都会背善向恶，"自堕恶道"——佛说有"三恶趣（趋）""六恶道"，就是指走向地狱、饿鬼、畜生之火途、血途、刀途。再抄一段《阿含正行经》以资佐证：

> 人身中有三事，身死，识去，心去，意志是三者（三者合为灵魂）常相追逐。施行恶者，死入泥犁（即地狱），饿鬼，畜生，鬼神中；施行善者，亦有三相追逐，或生天上，或生人中……

愚人增其恶，由于利养生，痴断清白法，犹如身首分。

——《五分律》卷三

【助解】愚蠢的人增长恶德恶行是因为他太重视名闻到利养生了，由此而断送了清净心。清白法是清净法的文学性说法，佛教视清、净为自性的性德，根本大法。断了清白法就像把人的脑袋搬了家一样。"利养生"与"清白法"就这样非此即彼地对立着。

恶人善会难，善人恶会难。

——《五分律》卷二十五

【助解】恶人不会正确理解问题，因为恶人失其自性、使不能正知正见正思维。同样,善人拥有自生想坏想恶也难。

贵极而无道,皆与地狱对门

——《太子瑞应本起经》卷上

【助解】此语可做二解:贵极和无道,这两种类型"都"与地狱对门。或者:富贵登峰造极却不讲道理、悖情乖法,就离地狱不远了。着重理解"皆","而"字便是联合义而非转折义。贵极的往往狂纵豪横,故特警票。一般的人只从一生一世的角度看问题,这是人溺于生死海而不思超度的原因。佛的"累世轮回"与尼采的"永劫轮回"意味大不相同,佛的轮回是体现果报的,"祸福倚伏之契,定于往昔"。贵极而无道与地狱对门是说它具有入地狱的可能性,但何时下地狱呢?佛教有三报说:"现报者,善恶始于此身,即此身受。生报者,来生便受。后报者,或经二生三生,百生千生,然后乃受。"到了百姓嘴上就成了"善恶到头终有报,只争来早与来迟"。

修进之门,有正有助,有实有权,理事兼修,乘戒兼急,悲智双运,内外相资。

——延寿《万善同归集》卷中

【助解】正：主要的；助：辅助性的。譬如说以修《般若经》为主，叫正；兼习"安般守息"之禅法，叫助。实：循规蹈矩；权：权变，通融。理事兼修：义理与实践并重。乘：经；戒：律；急：重视。悲智双运：悲观与智观是佛学两大法门。悲，讲利他、济度众生；智，讲断伏烦恼的智慧。双运：同时运用，就是慈悲为人，智慧做事。

发心起信之后还有这诸多参修。修行是个立体滚动式的全面提升灵性的过程，这里借此箴言以示其端绪，苦海无边，佛法也无边。相关的内容详见后面。

把手牵他入不得，唯人自肯乃方亲。

——紫柏《义井语录》

【助解】信仰是最不能强迫的，比爱情尤甚。佛度有缘人，是说你有感佛才会应。你不自肯，佛也牵你不得。

菩
薩
戒

戒为万善之本。

——《萨婆多毗尼毗婆沙卷》第三

【助解】戒:"防止"义,能防非止恶,故名为戒。为"三学"之着、"六度"之要,有五戒、十戒、二百五十戒等分别,中心意思,是制止身、口、意等方面的恶习。戒是净行,"沙门释子不作净行与俗人无异"。

佛教认为,就像大地是生长万物的依处一样,"戒"是生长一切世出世间善法的依处。下品持戒,得生人中;中品持戒,生于天上;上品持戒清净可得阿罗汉果、辟支佛果,乃至证得无上菩提。若不持戒,便无法脱离恶道轮回。《大智度》中有两句话给"戒为万善之本"作了最好的注脚:"持戒之人,无事不得。破戒之人,一切皆失。"

若有持戒,便有三昧;若有持戒,便有智慧;

若有持戒, 便有解脱; 若有持戒, 便有解脱知见。

——《集一切福德三昧经》卷中

【助解】三昧: 亦名三摩提, 即常说的禅定, 戒生定, 定生慧, 定慧具足决定解脱。解脱知见: 即关于解脱的智慧。知见乃"知见波罗蜜"的略写。"知见波罗蜜"异名"般若(智慧)波罗蜜(彼岸)"。

这番话反复说了一个意思: 持戒才能修行。所谓的修行, 主要功课是修定(三昧)慧(智慧), 而修行的目的是为了解脱, 悟得到达彼岸的智慧(解脱知见)。印度佛学强调戒定生智慧, 中国的慧能开始提倡定慧双修, 是一不是二。

大恶病中, 戒为良药; 大怖畏中, 戒为守护; 死暗冥中, 戒为明灯; 于恶道中, 戒为桥梁; 死海水中, 戒为大船。

——《大智度论》卷十三

【助解】冥: 无知之异名。明灯: 佛教三藏中常出现的喻词, 因为佛教认为有情众生(包括人类不仅指人类)都生活在无明的黑暗愚昧中, 需要佛光来度化, 需要明灯来指引、照耀。

恶道: 十恶业道的简称。业道有善有恶, 十恶业道是: 杀生、偷盗、邪淫、妄语、离间语、粗恶语、绮语、贪欲、嗔恚、邪见。一持戒便断伏了这些恶道，从桥上走到彼岸去了。

死海：生死无边，以海为喻。船：像"明灯"一样，也是释家喜用的喻词，因为它具有度脱人出苦海的"势用"。

本则语录是关于持戒功德的最好的"说明书"了。延寿的《万善同归集》（卷上）就全文抄录了这节文字。常说的持戒是不杀生、不偷盗、不邪淫、不饮酒、不妄语之"五戒"。当然要受"具足戒"，那就有二百五十条内容了。释迦牟尼成佛以前跟随苦行僧们在象头山下的苦行林，"日服一麻一米"，日夜结跏趺坐，不避风雨（《普曜经》），连续苦行六年，"身体羸瘦，喘息甚弱，如八九十衰朽老公，全无气力"（《佛本行集经》）。他当了教主以后，建立了僧团，废除了许多不近人情的苦行戒律。今人觉得僧侣持戒太苦了，其实是屡经简化得不能再简化的了。

世间无欲乐，越度于欲界。
能伏我慢者，此最第一乐。

——《四分律》卷三十一

【助解】无欲乐：即无欲之乐，能够摆脱欲望缠绕的快乐。欲界：三界之一。三界为欲界、色界、无色界。欲界为地狱、饿鬼、畜生、修罗、人间及六欲天之总称。此界之众生，沉溺于食色眠等欲望，所以叫欲界。伏：降服、抑制；慢：不敬、骄傲。不能伏慢便不会对佛法起虔诚的坚信。有"我劣慢"、"我等慢"、"我胜慢"等"九慢"。

能够在世间修证出"没有欲望的快乐"，就可以超越欲界，从欲界的烦恼海中度脱出来了。而这种快乐，只有修证成佛（觉悟）才能拥有；要想成佛，必须发心起信、皈依佛法；这就必须要先超越你自己，从你固有的那点可怜的傲慢与偏见中走出来（"伏我慢"）。能这样做，才可以走向佛，所以是"第一乐"。

持戒的核心是断伏欲望、"我执"。此段箴言还有上下文，再抄两则以供参证："离欲欢喜乐，观察法亦乐。""著欲无所见，愚痴身以覆。"

至心持戒人，能生欢喜心。

——《大萨遮尼犍子所说经》卷五

【助解】这回答了持戒苦不苦的问题：关键看你有颗什么样的心！是"至心"，还是"疑心"？如果真有一份决心断伏痴惑、超脱轮回恶道的信念，就会在持戒的过程中，体味到皈依了"三宝"（佛、法、僧）的灵魂的欣悦（"生欢喜心"）。欢喜：梵语波牟提陀，指的是在顺情之境中的那种身心喜悦。释迦牟尼的大弟子阿难又译为"欢喜"。

永离众恶趣，不受一切苦。

——《华严经》卷七十七

【助解】恶趣：乖理之行叫做恶，身、口、意三者所作的一切叫做业；趣是趋向、所往的意思。恶趣，就是众生因有恶业而趋向的地方。如"三恶趣"就是地狱、饿鬼、畜生三途。

永远地离开了"恶趣"，当然就"不受一切苦"了，因为已经从轮回的循环中跳出来了。你要想得到这种造化，就得从"戒"做起，割舍你现世的欲望和尘俗之乐。

不杀则长寿，不盗则常泰，不淫则清净，不欺则人常敬信，不醉则神理明治。

——郗超《奉法要》

【助解】泰：安然。不欺：诚信。是"五戒"之第四。《辩意长子经》："四者诚信，不欺于人。"包括不妄语。治：不乱。

第一句是说，不杀生的人可得长寿。后四条则是毋庸置疑的道理，具有普世价值，当作为普遍的公德全民推广。

忍辱乐禅定，不嗔不恶口。

远离自高心，常思唯智慧。

> ——《妙法莲华经》卷五

【助解】嗔：怨憎；恶口：妄语、粗恶语。二者都是伤害人的，属于十恶业道，是"十戒"所要伏断的对象。自高心：就是傲慢，会滋生"无惭"、"无愧"心态，从而拒绝善法，不以过失、恶业为耻。

佛法对世间的教化以"忍"为至要。成佛是累世修得的，而忍是必须立刻"从我做起，从现在做起"的业力现前表现为一种莫名的戾气、从而轻率作恶作业，点能忍得住，才能不再造。在禅定中获得法喜能养育忍辱波罗蜜。"常思唯智慧"是思维修，就是不用意去思量，这种思量增长妄停念，真正的智慧是生发于菩提性德的根本觉悟。让这种清净智慧定满你的思想，就能开佛知见，就走上了菩提路。"自高心"是贡高我慢的大毛病是妄自尊大、愚昧的牛气。自高心能使人成为"人身牛"。佛教和儒教一样都讲求"卑以自牧"，基督教则要求生活在赎罪感中。

宁舍身命，不舍持戒。

> ——《集一切福德三昧经》卷下

【助解】根据佛法，舍了"身命"不过回到了生死轮回的"无

所有"的时间中里了，很快就又到新一轮的"生有"之中，而舍弃了
持戒则永无超脱之日。

持戒不放逸，法中得自在。

——《大萨遮尼犍子所说经》卷一

【助解】放逸：是"八大随烦恼"之一。放纵自己不防恶修
善，便会"增长恶法，损减善法"。自在：心离烦恼、进退随心且能
持正。法中得自在，是其自由。

为护戒品常清净，不犯圣行顺无为。
不断生命盗他物，常修梵行世无妬。

——《大乘同性经》卷上

【助解】护戒品：保护受持戒律的这种品位。无为：这里与
"清净"互文见义，译者用了道家清静无为这个现成词语。作为
一个严格的概念，"无为"的意思是无因缘的造作、无生住异灭四
相的造作，与涅槃、无相同义。梵行：梵，清净之义。断绝淫欲这
种修行方法叫梵行。修梵行，就是修持离欲界之寂静、清静的功
夫。佛说修梵行则生梵天。

妙音观世音，梵音海潮音。

胜彼世间音，是故须常念。

————《添品妙法莲华经》卷七

【助解】妙音：好得不可思议的音。观世音：中国佛教四大菩萨之一，遇难众生只要诵念其名号，"菩萨即时观其音声"前往拯救，故名观世音。在唐代因避讳太宗李世民的"世"字，便略称"观音"。

梵音：有两义。一指佛的声音有"五种清净"，即正直、和雅、清彻、深满、播遍所有地方，最后这种"音遍周远闻"的特点，犹如海潮巨音，故用"海潮音"来特别形容。二是指作为仪式的梵呗（法会）之音。有时也指读经的声音为梵音。

近代著名佛学大师太虚为振兴佛学、弘扬佛法，1919年起创办《海潮音》月刊，历时近三十年。"自古传法，气如悬丝"（《坛经》）。

破戒心堕地狱，悭贪心堕饿鬼，无惭愧心堕畜生。

————智顗《摩诃止观》卷一

【助解】悭贪心：贪是十种根本烦恼之首，人有了贪心便滋

23

生出诸种毛病来。

无惭愧心：无惭、无愧二心是"中随惑"。"随烦恼"有二十种，分大、中、小。中随烦恼只有两项，即无惭、无愧。无惭比无愧为害程度轻，"拒贤善为性"；无愧则"崇重暴恶为性"，都是毁灭人本身的恶习。

地狱、饿鬼、畜生"三恶趣"，常被喻为火、血、刀三途。这"三恶趣"分别是三种杂染不净的心性的"必然下场"。无惭愧心的要害在"自高举"，不顾礼法，"传统"认为这本是畜生，沦入畜生道算是"顺缘"现成。贪心求富足反堕入饿鬼道，这叫"翻"。破戒就意味着不想超脱轮回，不想成佛上天了，故意破戒（"破戒心"）则下地狱！

凡犯罪有三种，一犯业道罪，二犯恶行罪，三犯戒罪。

——《萨婆多毗尼毗婆沙卷》第二

【助解】业道：身、口、意所做的一切均为业。有十恶业道、十善业道之分。十恶业道即业道罪：杀生、偷盗、邪淫是身恶业；妄语、离间语、粗恶语、绮语是口恶业；贪欲、嗔恚、邪见是意恶业。恶行：乖理的行为、对别人或后来造成危害的行为。

业道罪佛也犯过，他小时候，打过一个鱼儿的头，打了三下，获得惩罚是涅槃前头疼三天。恶行罪则具有了不可言说的复杂性，有专作恶的，也有善意反而坏了事的"结果恶行"。戒罪最令人惋惜的是许多有道高僧也只因刹那心念而前功尽弃。这样叠加下来，人不但是一大"苦聚"，还是一大"罪聚"了。所以要像《西游记》中的唐三藏那样"走路恐伤蝼蚁命，为护灯蛾罩纱灯"，才能勉强脱离"罪过"的行、业。

若不断淫修禅定者，如蒸沙石欲其成饭，经百千劫只名热沙。

——《楞严经》卷十二

【**助解**】禁欲的佛教视淫为大敌。"淫是恶法"、"淫是恶行"遍布各种经卷之中。五戒之中最难戒的就数"淫"。若按弗洛伊德的学说，戒这一条跟断命没什么差别。但不断淫就像沙石变不成米饭一样，是修不了"禅那"的，而佛门的特质正在"禅"（太虚语）。许多修行者差不多也只是在"蒸沙"而已。

无嗔即是戒，心净即出家。

——应真语录

【**助解**】中国禅之所以广为流行、代代好之者阵容强大，盖因其"方便"。把外在的戒律变成了内心的律令，如真诚当然是深入了，把无嗔当作戒律是个很家常的高要求，在日常生活做到了无嗔就得到"忍"这一到彼岸的慧力。"心净"也是个落实到呼吸上的要求，心净了就出离了烦恼，是真正的出家。

菩薩行

一切众生，皆是我子。

——《妙法莲花经·譬喻品》

【助解】佛说这两句话之前讲了一个故事：一群孩子在火宅中玩耍，他们不知身处险境，又一时说不服他们，就施法造出一辆好玩的车，孩子们出来坐上了车（"大乘"），脱离了险宅。——三界就是个大火宅，"其中众生，悉是吾子"。佛能为救护且定要救护。

但念众生，不憎不爱。

——《大智度论》卷二十

【助解】这叫"佛法平等"，"冤亲普救"，"利钝齐收"。

论施，则内外俱舍；言戒，则大小兼持；修进，则身心并行；具忍，则生法具备；般若，则境智

无二；禅定，则动寂皆平；方便，则普照尘劳；发愿，则遍含法界。

　　　　——延寿《万善同归集》卷中

【助解】"论施"句：要说布施就内心与外财一同施舍。"言戒"句：要持戒就大戒律小规矩都遵守。"修进"句：修行进取之道就心明法理，身体力行。"具忍"句：学会生忍和法忍。"般若"句：修习般若智慧就融通处境与内智为一体。"禅定"句：练习禅定就在动与静中都保持心平气定。"方便"句：帮助劳苦的人就平等地广施方便。

"发愿"句：发弘济天下的誓愿就要以同体大悲，无缘大慈的愿力面对遍法界的众生。

延寿下面还罗列了许多，诸如："具力，则精通十力；了智，则种智圆成；爱语，则俯顺机宜；……七觉，则沉掉靡生；八正，则邪倒不起。"总之概括了"菩萨行"的方方面面。要点在于：兼而不偏，通而不碍。这叫"中道"。

菩萨应当犹如莲花不为世泥所染污故，菩萨应当犹如船筏度诸生故，菩萨应当犹之如桥，于上中下一切众生无别想故。

　　　　——《集一切福德三昧经》卷下

【助解】故：佛经中常用的句尾词，它的一般含义是："为了……所以……"，如《大乘起信论》开头："归命尽十方，……佛种不断故"，其意思是："为了归敬十方世界的一切佛，……令佛种不致断绝，所以撰写此论。"这里的意思应当是：为了当菩萨，所以应当像莲花、像船、像桥。

无别想：无分别想。佛教认为一作分别想就会生颠倒分歧，许多烦恼都是起于分别想。

这三句是从连续五十个"应当……故"中摘出来的。我们除了感叹其了不起的排比能力（这当然不是最多的，更有"三百问""一百零八问"等声势浩大的排比），就是赞叹菩萨真难当——得符合这么多规定。出污泥而不染是佛经中屡用的一个比喻，染净的关系也是佛法中的重要一科。这个要求不算神乎，尽管很难做到，当船做桥普度众生，平等博爱，也还可以明白其意指。但是，还有"应当犹如大池专意正法水无尽故""应当犹如大海一向多闻无厌故"，便不是我们能用经验主义的常识能理喻的了。这也很正常，菩萨毕竟不是凡夫。

从某种意义上说，佛教是一门要求应当如何如何的"应当哲学"，比伦理色彩最突出的儒学大甚特甚之，所以才称得起"教"。

其身清静，不犯众恶；口舌清静，常说至诚；秉意清静，常行慈心，斯谓菩萨，普无不入。

——《持心梵天所问经》卷一

【助解】其身清静：远离恶行造成的过失，远离烦恼的扰乱污染叫清净。身清静与下面的舌清静、意清静被称为"三种清净"，意谓身、语、意三种"业"远离了恶行、惑乱。普：普门、普法的略写，"一门之中摄入一切法"即普门、普法；无不入：就是菩萨能悟入普门之中的一切法。

艾略特说世界是一片污淖（《荒原》），比"我佛"晚了两千年。或者换过来说，这千年同慨说明世界和人性还有千年如一日的内容。当然也说明了要个"清静世界"多么艰难。"破山中贼易，破心中贼难"，所以佛特别强调清净自己的身、语、意："我当善护身口意，我当不复行恶道。"（《佛说菩萨行方便境界神通变化经》卷上）

若有佛子善修行，清净之法满足心。
一切众生慈悲心，柔软之心为菩提。

——《佛说菩萨行方便境界神通变化经》卷上

【助解】"若有佛子"二句：若有佛门弟子想很好地修行的

话，首要的一条就是修行清静法门获致满足之心。满足心与清静法其实是互文见义，修证清静便不贪，不贪便满足了，所以可以说清静心即满足心。

它的具体内容有：无疑之信心、无垢之净心、不杂烦恼之静心。为什么柔软之心即菩提呢？因为柔软心是既善且能忍的心。心柔和顺符合佛法的根本要求；另外，就佛理而言，心柔必然智顺，智顺便与法性实相契合无乖角，这符合了佛法智力上的要求，所以说有了柔软之心，就是觉悟了。佛之所以这么说，还因为世上粗恶之人太多了。

"清净人"是佛的别名，佛法亦清净法。我们由此可知"洁净"在释门至高无上的果，就我们俗人活法而言，洁净也是一种高水平。

柔则伏灭烦恼，和则顺理修行。

——法藏《修华严奥旨妄尽还源观》

【助解】法藏(643~712)：唐代僧人，华严宗实际创始人，尊为三祖，俗姓康，字贤首，或号"贤首大师"。一生讲《华严经》三十余遍，著作颇丰。主要有《华严经探玄记》《华严经旨归》等。

这句箴言要言不繁地总结了柔软心即菩提的问题。法藏有自己的解释："大悲救物，故曰柔和。""柔和者，约随流不滞。"另一方面，柔软心即菩提又正好过来解释柔伏灭烦恼的问题。因为菩提能伏灭烦恼——觉悟了就不混乱、不颠倒了，柔软心即菩提，所以"柔则能伏灭烦恼"。"和"与"柔"是互文关系。

万法唯心，应须广行诸度，不可守愚空坐，以滞真修。

——延寿《万善同归集》卷上

【助解】万，包括一切；法，自体有规则。佛教认为从有角毛的到涅槃都有自己的体性，这个体性就叫法。虽然万有之形千差万别，但其本质是空的，也就是说它们具有相同的法。因为诸法都是空的，它们的名相只是"心"赋予它们的。如著名的"唯心偈"说"心如工画师，造种种五蕴，一切世间中，无法而不造"。（《华严经》卷十一）这就是"万法唯心"的大致意思。

度：梵语波罗蜜译为度，济度众生出离生死海的"行法"（与"心法"相对）。诸度即各种度法，有"五度"：布施、持戒、忍辱、精进、禅定；"六度"即再加上智慧；"十度"则再加上第七方便度、第八愿度、第九力度、第十智度。

为什么万法唯心就应该广行诸度呢？这是佛学一大关津。按常人理解，既然万法一如皆是空白的，世相是由心"集"而起，那正好各顺其便，放逸自流，得过且过算了。大乘菩萨最痛心这种糊涂观念。

菩萨认为正因为都是空的，人就更应该负起自己的责任。（这有点像存在主义，认定存在先于本质，反而提高了对存在的要求。）以至于出现了"汝即是道"、"即心即佛"这样的命题。其要义在于自己救自己，菩萨救众生也是通过让众生自身觉悟来度脱之。

守愚空坐，不是修行的正路，即使能有所证悟，充其量也只是自了汉，是比"大乘"渺小的"小乘"。

菩萨亦不住于无为之地，亦不住有为地。

——《须真天子经》卷三

【助解】这叫"有为无漏"（或"无漏有为"），虽有所造作，有所作为却不染烦恼（"漏"）。这是中道妙门。

承认万法一如就是个空，清静无为便是胜义谛。不过这个"无为"是终极意义上的，是"真谛"、是"究竟义"——超越了因缘的连环套，超越生、住、异、灭之从假有变坏变灭亡的迁徙流转的过程。但是这个"无为"不是从天上掉下来的，也不是守愚空坐、守株待兔能等到的。而且还有无边痴迷众生等着度脱，所以还必须"有为"，所以佛教还有"三有为法"。但"有为"又毕竟不是目的，不是归宿，不能陷入"有漏有为"，那就与芸芸众生没什么差别了。

微妙之处就在于这个既不住于无为又不住于有为。也有一个现成的释家术语来概念化之"有为空"。

从有为中，畏于爱欲；

在无为中，畏于无欲。

——《须真天子经》卷三

【助解】释家有个俗典：一个比丘在一棵空心桑树下连着睡了三次觉，便滋生了对这棵树的感情。有了俗情便妨碍了成佛。所以释家流行一个不成文法：不得三宿同一棵树下，这是在有为世界中畏于爱欲的一个不典范但易于理解的例子。在无为中畏于无欲与此同理。

近现代在家修行的有个家喻户晓的丰子恺，他说：人不可没有做和尚的心，但也不必真去做和尚。算是深得个中滋味。

当然类似的格言还有，诸如：以出世的精神做人，以入世的精神做事；以出世的精神做入世的事情；等等。这些都是佛早说过的，如《须真天子经》中就还有："住于无为，于有为中善护一切。"同经《住道品》要求："随爱欲显无欲，不堕无欲。"

当于一切众生起大悲想，于诸如来起慈父想，
于诸菩萨起大师想。

——《妙法莲花经·安乐行品》

【助解】把诸如来当成慈父。如来，作为佛的十种名号之
一，它是乘真如之道而来的意思，就是"象真如"。此处不单是指
佛陀（释迦牟尼），而是泛指所有的佛。诸佛乘真如之道而来也叫
"如来"。

"于诸菩萨"句：把所有菩萨当成最好，最高级的导师。菩
萨：全称菩提萨埵、摩诃菩提质帝萨埵等。菩提是觉，觉悟义；萨
埵是勇猛义。勇猛求觉悟故叫菩提萨埵。菩萨有多种译名，如"高
士"、"开士"、"大士"等，最得当是"大觉有情"，得体准确地展
示了其内涵。菩萨是泛称，包括一切求大乘佛果的和已经取得大
乘佛果的（如观音）。

佛临涅槃前嘱咐僧众："以法为师"。教育永远是重要的，
讲求信仰的宗教更离不开教育。以菩萨为师的要义就在于"大觉
有情"，"于一切众生起大悲想"。把亲情佛心化、亲情化就有了
说服力、感染力。观音菩萨在印度远不如在中国地位高，名誉大，
因为中国人的认识、知识都必须情感化了才有效力。"大觉有情"
符合中国国情。

"无情成佛"这一句便很少被中国人念叨。

当以大慈加哀一切。

——《阿差末菩萨经》卷四

【助解】大慈：博大的仁爱心。加：施于，施加于；哀：怜悯，爱护，大悲也。

这就叫大慈大悲，"行无边慈"。智有两句话正好作补充："既自达妙境，即起誓悲他。"（《摩诃止观》）

利衰、毁誉、称讥、苦乐、不以倾动。

——《法镜经》

【助解】利：益，荣；衰：损、挫伤。利衰包括了诸如成败、得失、获益，受挫等内容。称：赞扬；讥：批评。以：被。

能不被利衰、毁誉、称讥、苦乐所左右，即使成不了佛，也是现实生活的"金刚座"了。除了胸怀远大的志士、超越群氓的智士，谁能这般"萨埵"？这叫"行坚固慈，心无毁故"。

行不热慈，无烦恼故。

——《维摩诘所说经·观众生品》

【助解】行慈而不热，正是"大觉有情"的最好说明。有情，所以行慈；大觉，所以不热。这才能保证"有为无漏"，因为行的是不热慈，所以无烦恼。人人都能如此，尘寰成西方净土；谁能如此，谁也就生处净土了。阿弥陀佛！

若住不调伏心，是愚人法。若住调伏心，是声闻法。是故菩萨不当住于调伏不调伏心，离此二法是菩萨行。

——《维摩诘所说经·问疾品》

【助解】调伏：调和控制身、口、意业使之不犯错误，不作恶事就叫调伏。住不调伏心就是安于不调伏的心态，这是愚昧无明人的套数。

调，调和；伏，制伏、降服。住调伏心：就是念念不忘地想着调伏这码事，这还只是佛道中的下乘。声闻：闻佛教诲的声音而觉悟了的人。因为这是"有缘觉"，比"独觉"档次低，所以是下乘。属于小乘法。

《维摩诘所说经》中的"心净则佛土净，及夜入世夜出世"、在"入世中出世"的思想对中国的禅宗及现当代佛教主流的人间佛教影响直接而巨大。贯穿本经的"不二法门"更是整个中国佛教的基本方法论。

　　这里既不能住于调伏心又不能住于不调伏心,同时离此二法才得升道,才是菩萨行,就是不二法门之双非圆融观。

　　一切处所,一切时中,念念不愚,常行智慧,即是般若行。

——《坛经·般若品》

　　【**助解**】般若智慧是能看透名相世界的真空本质的智慧。只有能把握住万法皆空无自性,才算"不愚"了。般若智从自性而生,不从外入,必须时心见性、知行合一,心口如一的在"一切处所(空间),一切时中(时间)"起智慧观照,念念不愚,禅宗一门最擅长这个,声称"念念在道"。

　　慧能接着说:"一念愚即般若绝,一念智即般若生。世人愚迷,不见般若。口说般若,心中常愚。常自言我修般若,念念说空,不识真空。般若无形相,智慧心即是,若作如是解,即名般若智。"

　　慈是道场,等众生故。悲是道场,忍疲苦故。
　　喜是道场,悦乐法故。舍是道场,憎爱断故。

——《维摩诘所说经·菩萨品》

【助解】道场一词，指涉广泛。佛在菩提树下证道之所叫道场；学佛之处，供佛之处皆叫道场。此处是指修行得道的行为方式。（用释家术语叫"行法"）。因为"慈"体现了众生平等的佛门宗旨，所以是修行得道的行为方式。悲则是偏重忍受艰难困苦的"行法"。能够在重习佛法时产生喜悦也是得道的"行法"。舍，行"无等慈"，统统舍去，断灭贪欲，所以也能断灭憎爱。断灭了憎爱才从根本上断灭了惑、烦恼。所以舍是道场了。

《维摩诘所说经·菩萨品》从"直心是道场"一气排列了三十二个道场，真让人感到时时处处、一念一行皆是道场了。有趣而重要的还有"烦恼是道场，知如实故"、"狮子吼是道场，无所畏故。"看来只要你诚心修行，浑身都是道场。剩下的问题就是看你想不想修行，开不开道场了。成佛有先后，种种道场通向菩提路。

真金须火锻，好人须境炼。

——《紫柏老人集》卷九

【助解】前一句是后一句的起兴语。这是民谚句式："就像……一样，什么……也必须这样。"紫柏老人在说这两句话之前还说："人要在是非患难里滚得过，滚不过，则好人何来？""好人"是善士智者的家常说法，"境"则泛指各种境遇。当然，从"是非患难"这种"处境"里磨炼过来也炼出了能够战胜是非患难漩涡的"内智"。有了这种"内智"才叫"好人"。

修菩萨行就为了炼出这个"滚得过"。

一日不作,一日不食。

——怀海语录摘自《五灯会元》卷三

【助解】怀海(720~814),俗姓王,马祖高徒,后住百丈山,故世称为百丈和尚,马祖建丛林,百丈立清规,师资互辅相为发扬,中华佛教乃得光大。百丈以身作则,率先"出坡",徒众将其作务工具藏起来,他遍觅不得,遂不食,因此"一日不作,一日不食"的美谚广传天下丛林。制定了禅寺清规(《百丈清规》)。

"一日不作,一日不食"制度改变了过去僧团不劳寄生以求清净的传统。无论僧凡都当有这样的体会:工作着是美丽的。

制欲不难,唯自重难。

——《紫柏老人集》卷九

【助解】制欲是"减法",自重是"加法"。否定、破坏(减法)的确比确立、建设(加法)轻松、爽快。西谚云:"他从来不肯定什么,所以不撒谎。"因为凡肯定必含着被推翻、被否定的可能。佛教用"空"打天下比用不空打天下方便得多。但自重肯定更是需要的，就像再讲空也要成个佛一样，"自重"虽艰难却宝贵，没有自重就会成为"虚无党"（鲁迅语），便绝不可能去勇猛精进地追求菩提。做个制欲的呆比丘是容易的，做个有道高僧是难的。自重是发正心、起圆信、修菩萨行的心理前提，也是其精神成果。自重到发愿当世成佛便会拿得起放得下勇猛精过了。

注意：自重绝不是愚蠢的自我感觉良好。无惭、无愧是大毛病中要命的毛病。自重是要当选自己命的主人翁，自重是赤身担当的大丈夫气概。

降伏魔怨，制诸外道，悉已清静，永离盖缠，心常安住无碍解脱。念念总持，辨才不断，布施持戒，忍辱精进，禅定智慧，及方便力，无不具足。

——《维摩诘所说经·佛国品》

【助解】魔怨：佛教视怨憎情绪如恶魔。制诸外道：制服各种与佛教为敌的流派。释迦牟尼成佛与各种外道进行过意味深长的较量。早期经卷中释迦讲过这方面的故事，常常用动物打比方，一个鹰要吃那个鸽子，最后鸽子劝鹰"放下屠刀"等等，然后点明，那个鸽子就是我，那个鹰就是外道某某。这里，"外道"泛指各种有碍成佛的学说、观念、不良影响等等。悉以清静：获得整体清净。永离盖缠：永远摆脱各种欲惑的笼罩纠缠。盖：烦恼的另一种叫法，取义于烦恼覆盖着清净心不得开发。盖缠，指"五盖十缠"，都是烦恼的数目。无不具足：简单说是指以上各种功夫都具备了。在释迦看来，以上功夫都具备了就叫"具足法施"。

这番话可视为菩萨行的全面总结。从中可略窥菩萨行的大致内容，真正的修行从开悟"悉已清净"开始，"念念总持"的清净心性，"辨才不断"是讲经说法，精研义理，做到理事无碍。下而说的"大度"就不用单讲了。"方便力"有神通解救众生。菩萨是要拔救众生出苦海的，"放便力"是随众生之机缘、随机施展的力量、能力。

忍辱精进

以忍调行，摄诸恚怒。

以大精进，摄诸懈怠。

——《维摩诘所说经·方便品》

【助解】"以忍调行"：用忍的姿态贯穿所有的行为，从而控制各种怨恨恼怒的情绪。摄：控制；恚(huì)：怨恨。"以大精进"：用勤奋的精神来克服各种懈怠散漫的毛病。精进，又叫"勤"。《慈恩上生经疏》（下）："精谓精纯，无恶杂故。进谓升进，不懈怠故。""精进"是"六度"（六种到达彼岸的方法）之一。

"忍"是释家大学问，各宗门教派的各种玄思学理落实到人生态度上几乎必然要凝固成个"忍"字。极粗略地说来，忍有两路：一是在违逆的境遇中不起嗔恚心；一是安住于道理而不动心。细说，仅"二忍"就有三种说法：众生忍，无生法忍；安受苦忍，观察法忍；生忍，法忍。"三忍"有三种说法，"四忍""五忍""六忍""十忍"也都有两种说法。去掉重复的，大致还有：

耐怨害忍、谛察法忍、得无生忍、得无灭法忍、得因缘忍、得无住忍、伏忍、信忍、顺忍、寂灭忍、修忍、正忍、无垢忍、一切智忍、普声忍、如幻忍、如焰忍、如响忍、如影忍、如化忍、如空忍、（以下是《仁王经》系统的十忍）戒忍、智见忍、定忍、慧忍、解脱忍、空忍、无愿忍、无相忍、无常忍、无生忍。名目让人眼花缭乱，原理却是看透各种名相都是空的就可以忍，也应该忍了。忍是"智"的别称，是对佛教"实相真如"所获得的认识。

精进也有"二种精进"（身精进、心精进）、"三种精进"（被甲精进、摄善精进、利乐精进）之分。比"忍"的名堂少多了。但释家同样重视"精进"。忍辱、精进都是到达彼岸必备的心能、心力。

行忍辱慈，护彼我故。

行精进慈，荷负众生故。

——《维摩诘所说经·观众品》

【助解】忍辱：梵语羼提之意译。忍受各种侮辱、危害而不怨恨，是"六度"（六波罗蜜）之一，是大慈心的发用。荷负：承担。这两句话直译便是：

奉行忍辱慈悲，爱护了你我。

奉行精进慈悲，去济度众生。

大慈悲为室，柔和忍辱衣，诸法空为座。

——《妙法莲华经》卷四

【助解】以慈悲为家。以柔和忍辱为衣（袈裟又名忍辱衣）。以万法空如的道理为基座。座：打坐、念经所坐的地方。

慈悲为怀，忍辱为衣，法空为座——不但僧人都当如此，中国过去的圣人也大都如此。慈悲与仁爱相近，忍辱与忠孝礼法相通，法空也与超越高蹈的圣人姿态一致。

常行忍辱，哀悯一切。

——《妙法莲华经》卷五

【助解】《圣经》中的"主"说：原谅他们吧，他们并不知道自己在做什么。

若能持是经，精进大智慧。
是名极勇猛，能破魔军众。

——《思益梵天所问经》卷三

【助解】若能持是经：如果能奉行，领会这部经。是名极勇猛：这就可以称得上勇猛大力的人了。能破魔军众：能破除贪嗔痴慢等烦恼，尽管那些烦恼像众多魔鬼的军队一样。

大根大器大力量，荷担大事不寻常。

——《大慧普觉禅师语录》卷十一

【助解】根：能生、有增上之力。这是用根来譬喻人性。根能承受、成为什么叫"器"。常根器连用。

释家是以宇宙为己任的，所荷担的"大事"比儒家的要宽广，森罗万象，所以对"根器"和"力量"有着不可限量的高要求：慈悲到不能再慈悲，精进到不能再精进，也还不够，所有的美德、智慧和力量都要像佛法一样无边才能"荷担"起宇宙的真理，完成人间不寻常的大事情。

尔若欲得法，直须是大丈夫儿始得。若萎萎随随地，则不得也。

——《镇州临济慧照禅师语录》

【助解】"大丈夫"理论，儒家是明诏大号，释家也深知没有这个"主体性"，就没了信佛的心、力。世界上萎靡、尾随人后人云亦云的人太多了，他们不但得不了佛法，还拦挡得"大丈夫"们

49

举步维艰。丘吉尔有言：一个民族将会被那些鸡毛蒜皮、可有可无的人拖成一堆人口。

布施持戒及忍辱，精进觉悟胜菩提。

——《大悲经》卷三

【助解】佛门"六度"（布施、持戒、忍辱、精进、禅定、智慧）像任何团体的基本原则，是要天天讲、月月讲的。像"施戒精进忍，禅定智慧"、"施戒忍进禅定慧，历劫以来修习成"这样的"箴言"遍布所有的经卷。

忍海方便已修治，故能严净无边刹。

——《华严经》卷六

【助解】忍海：佛籍中堪忍世界，众生所生活的世界叫婆娑世界，即是忍世界。它广大无边所以用海来形容。修治：修习成功叫"修治"。治，顺当了。严净：庄严清净本是形容词，这里用做动词，使无边刹庄严清净。无边刹：即"无边法界"。刹，空间义为国土。如"刹土"即国土，"刹海"即水陆。时间义为一念，如"刹那无常"。通俗地说，"无边刹"即所有的地方。

"忍海方便"云云其实就是"忍辱波罗蜜"，是从"忍世界"

中度脱出去的方法，就是"忍智"、"忍为无碍，智为解脱"。"无碍"二字说透了忍的妙处与意义。忍不是被动的逆来顺受，忍是主动地迎接挑战，改变境遇的聪明态度。"《成实》法中一切治道，通名为忍，通名为智"（《大乘义章》九）。我们必须确立这样的判断：忍是一种智量。佛教中的"忍辱仙"居然是释迦牟尼，无边刹海怎能不"严净"呢？

一切德来归，是故修妙忍。

　　　　——《佛说菩萨行方便境界神通变化经》卷上

【助解】忍能成为"妙"，那么妙中是否必含"忍"呢？应该说大致如此。为"一切德来归"靠修妙忍行不行？答曰：肯定不够，但舍妙忍则不成。本经自解妙忍"妙"在"令魔力非力"，是一种化解、转化的功夫。这不但需要大悲的心地，也需要大慧的智力。释家认为智慧的一个大用途就是用于修忍，不言而喻修的是妙忍。完全可以说没有"慧"修不成妙忍。这也有经为证："慧在修忍力，大悲如是示。"

自悟修行，不在口诤，若诤先后，即是迷人。

　　　　　　　　——《坛经·定慧品》

【助解】这对于习惯于"窝里斗"的人是有力的针砭。

杰克·伦敦说过一句意味深长的话："在一个贪得无厌的社会,时代永远是艰苦的。"

如来受苦不觉苦,见众受苦如己苦,

虽为众生处地狱,不生苦想及悔心。

——《大般涅槃经》卷三十八

【助解】《智度论》云："大慈与一切众生乐,大悲拔一切众生苦。"行菩萨道的人"不为自己求安乐,但愿众生得离苦。"这些是精进的动力、目的与意义。"不生苦想及悔心"则是典型的精进心态。

游步于精进,聪达乐禅定。

——《持心梵天所问经》卷一

【助解】"精进"而说"游","聪达"而以"定"为安乐,这其间的张力正是修行的窍奥。达不到"游"水平的精进往往会流为偾张,"聪"不乐趋"禅定"也会成为放荡。法喜充满,始得见道。

智小志弱者，受于地狱痛。

——《大庄严论经》卷十二

【助解】若用佛经的句式补一句，当是："以其不能解脱故。"

佛割肉饲鹰时觉得自己很阔大。小志弱智的人敢么？

智小，无法看透名相世界空假的本质，也便立不出什么大志。志弱者随风倒与染界同流合污、更不想修证佛果，莫说弘济众生，连拯救自己的志气也不知道在哪里呢。"受于地狱痛"便是他的自我选择了。信为能入，智为能度。起信方能立志，开悟才能解脱。智小志弱的傻瓜懦夫自然不知"勇猛精进"为何物。"地狱痛"患者满街遍地。不信，你瞧。

力不足生畏，理不明生疑。

——《紫柏老人集》卷九

【助解】畏、疑，是人的通病，几乎"通"到不是病的地步了。根源即在于"力不足"、"理不明"。病若根因于无能，所以人才是棵脆弱的芦苇。只有通过修行能够使人根本转变，才可能得到对治。性德慧力是足，看得破、放得下、拿得起，以挤走恐惧；以消除疑虑，解决难题。

识破是明，能忘是勇。

——《紫柏老人集》卷九

【助解】什么叫识破呢？紫柏大师举了个例子：要断淫欲，唯有"识破"自身——"我"不过是团臭肉，正在腐烂，上面爬满了蛆虫，渐渐成为一堆枯骨，枯骨也正在风化，蚂蚁包围着它们。这样识破后，就是眼前摆着西施也兴不起什么欲望了。识破者，看透也。"明"了么？如果"省事"是一种"明"的话，那么这种"识破"即是一种"明"。紫柏大师说的是佛理，不是我们常人的道理。他强调的是识破断伏欲望、贪念，断伏了欲念便摆脱了"无明"，摆脱了无明不就是"明"了！

明不明一言难尽。但紫柏说："猛作此观，自然理水日深，人欲日浅矣。"这也就叫做修习"精进"了。

"能忘"之"勇"也当如是解。看透（"识破"）有助于增长"解脱知见"，能忘也同样是法门。忘，是斩断尘缠的一把利剑。贪嗔痴爱对于凡人来说是毫无道理好讲的"习惯"。忘掉它真需要勇毅、大力。能忘，是非凡之勇！上山擒虎易，忘掉习惯难。佛教认为只有忘掉尘俗习惯，才能勇猛精进地追求"真谛"。

胜怨，乃可为勇。

——《维摩诘所说经·问疾品》

【助解】被人怨恨，如果你是对的，那么你就要承受误解了。承受误解比承受明火执杖的攻击还要难，因为包含着让你压抑的委屈，误解是种复杂的、纠缠性很强的事情，能克服它真需要绵里针般的勇毅。

自己怨恨别人也是很难受，很难过的。小心眼、脆弱的人就这样难受着。战胜这种"怨"要求阔大的胸怀，大丈夫气派，这些姿态都是勇毅支撑出来的，也体现着"勇"。

不见挝者，不睹己身，杖本空故。

——《阿差末菩萨经》卷二

【助解】挝：用板、杖打。杖本空故：因为木杖本是"空"的。杖只是因缘和合而成的"假有"罢了。

这种忍受的好办法叫"心不动"，对打人的人、挨打的自己都来个没反应。还有哲学依据：那根对"己身"有作用力的杖不是杖，而是个没有自性的"空"，连造作一切的"四大"（地、水、火、风）都是空的，何况区区一杖！本经在下文中还这样评估："缘是忍故，当得佛身。"

看得自家大，自然忍得过去。……

自昧了真心，便自小了。

——《紫柏老人集》卷九

【助解】这是高级精神胜利法，与阿Q式的胜利法有着明显的不同：不是缩回来的"昧心"转移法，而是挺出去的蔑视法。

"看得自家大，自然忍得过去。"至少是条经验。鲁迅从不轻易地反驳批评他的人，鲁迅说：不要把人弄小。"自家大"不是妄自尊大，而是自重。妄自尊大那种自大其实是自小，贪着于各种人间病的人都是自小，自小的症状很多，原因在"自昧了真心"、失了自己善积本筹。

香象所负，非驴能堪。

——《慧忠语录》摘自《五灯会元》卷二

【助解】佛教典籍把青色带香味的象称为香象。香象可以说是"忍辱精进"的最好的象征。与此箴言堪称妙对的是庄子那个著名的譬喻：鼹鼠饮河，不过满腹。

驴名鼠辈的人满坑满谷，他们理解不了什么叫崇高的事业、伟大的真理、神圣的爱情。

驴子忍辱不精进，鼹鼠精进根器太小。

尼采一边问："驴子可以是悲剧的吗？"一边又抱着辕轭中

的驴脖子嚎啕大哭:"我受苦受难的兄弟呀!"

香象默然无语,不可限量地前行着。

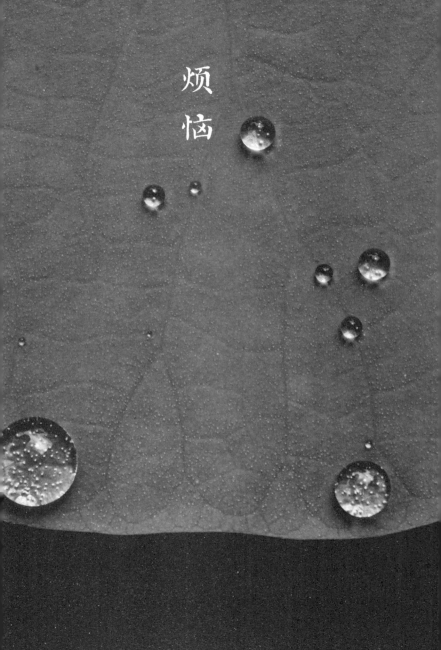

烦
恼

睹诸迷惑众，如在死人间。

——《普曜经》卷三

【助解】迷惑与否的区分有两套标准。从俗谛角度看过来，有迷惑与明智的分野、苦与乐的差别、生与死的界域。用佛门胜义谛（真谛）的标准看过去，则俗谛意谓上的明智也还是迷惑，快乐还是苦恼，生生活人皆是行尸走肉。迷惑众生在烦恼魔障中，丧失法身，迷送慧命，自损其尸，虽生犹死。

万法本闲人自闹。

——《慧忠语录》摘自《五灯会元》卷二

【助解】虽不敢妄说人是最无事生非的族类，也不能说"闹"就是在作孽。但"人自闹"的确是许多"人为苦难"的根源。

好乱乐祸的魔头最可怕，搬弄是非的小人最可鄙，"闹"来

"闹"去不但违背"万法本闲"之自然法，也将人自身作践了个一塌糊涂。

至于现代文明破坏了原始圆满带来的社会病、文明病什么的就不谈了——这个二律背反谁也理不顺，人得永恒地背着它。"人自闹"是人的宿命，"根本烦恼"名目表上该添上这一品。

已有爱憎故，不应称自在。

——马鸣《佛所行赞》

【助解】马鸣：约一二世纪间古印度佛教诗人、哲学家，大乘著名论师。因为马听他讲论佛法也"垂泪听法，无念食想"，故名"马鸣"。主要著作有《佛所行赞》《大乘庄严经论》等。相传还撰有《大乘起信论》。《佛所行赞》亦名《佛本行经》，五卷二十八品，用诗体记颂释迦牟尼的生平事迹，在古印度广为流传，为印度文学史上重要作品之一。

专愚小人，贪者可贪，邪欲相投，彼此相爱，愚爱相哀。始有众生以来，传之不休，回流受祸，更之至今。

——《阴持入经》

【助解】世上有愚忠、愚孝、也有愚爱。仅种俗谛也视为愚的爱，当有三义：一贪，如本箴言所示：贪则"专"（专横、固执），专则愚，"专"本身即是愚还能生增出更可怕的愚来。二邪，邪见、邪欲常使人犯错误，走火入魔的爱与邪同体互生，相濡以沫。三可怜，还不是相爱的人常称对方为"可怜的小东西"那种"可怜"。"愚爱相哀"的那个"哀"是自陷陷他陷于不能自拔惨况。本经有言："爱哀相往不舍。"

一切天下人有二病。何等为二？一为痴，二为爱。

——《阴持入经注》

【助解】佛有术语：同类相应。既然任何人都有这两种病，那这两种病同时出现在一个人身上怎能不来个"综合症"？"痴，乃十二因缘之母。""爱为秽海，众恶归焉。"每一个都比"愚爱"可怕。有了这两种病，就什么病都有了。因为爱生贪取、遗弃了清净本性。

爱为秽海，众恶归焉。

——《人本欲生经注》

【助解】秽海：不洁的渊薮。恶：与佛理相反的心相事物的总称。

爱是"十二因缘"之一，被释家视为世俗生活得以发生而不得解脱的重要原因。《俱舍论》卷九："贪妙资具，淫爱现行，未广追求，此位名爱。"根据十二因缘的原理，"爱"缘"取"："从欣受爱，起欲等取。"由于贪爱，便狂热地追求和执取可供享乐的东西，爱生情见，情见生妄悲分别，滋长反佛教的世俗观念，所以说"众恶归焉"。

要超脱生死苦海，首先要斩断情见爱欲，"断惑证真"。

贪痴爱水，资润苦芽。

——延寿《宗镜录·序》

【助解】依佛理，心性本是苦，贪痴爱对于"苦性"起了催发的作用，这该叫"苦苦"："心性是苦，依彼苦上，加以事恼，苦上加苦，故云苦苦"。(《大乘义章》三)

"五苦"、"四集"、"八正道"是佛教基石性的概念。五苦包括：一生老病死苦；二爱别离苦；三怨憎会苦；四求不得苦；五五阴盛苦。如何从苦中解脱出来是佛教普法的起点。有助于灭除苦的想法、行为就是善、智，是在治病。反之则是恶、愚，是毛病，并"资润苦芽"。

延寿在这篇有名的序文中还说："用无明贪爱之翼，扑生死之火轮"；"发狂乱之知见，翳于自心。"这都是能添新毛病的毛病。

《佛地经》（五）曰："逼恼身心为苦"。

何乃爱河浪底，沉溺无忧，火宅炎中，焚烧不惧？密织痴网，浅智之刃莫能挥；深种疑根，泛信之力焉能拔？

——延寿《万善同归集》卷上

【助解】爱河：爱能溺人，故譬喻为河。火宅：喻指三界中的生死。

"密织痴网"二句：人在贪嗔等欲念的支配下，像蜘蛛一样织出密匝匝的"无明"（痴，愚昧）的罗网，靠浮薄小智是挥不掉、斩不断的。

"深种疑根"二句：深深种下的疑惑的病根，凭泛泛的信仰的力量怎能拔得出？

延寿的反问其实是个永恒的反问。为什么人们沉溺爱河、生死、痴疑之惑病世界而不思自我拯拔？答：人是人而非佛故。人只有浅智之刃、泛信之力，而且这点锋芒力道更多的时候并不用在断惑除欲上。

你说沉溺危险，他说沉醉才是幸福。你说火宅危险，他说火中才温暖，你说痴网，他说是理性的积累，你说疑根，他说不怀疑怎能发现真理？

这种辩论是标准的"三岔口"。没有共同的对话规则无法进行这种辨论。这样，延寿的反问更要成为永恒的问题了。

使人愚蔽者，爱与欲也。

——《四十二章经》

【助解】《四十二章经》：是第一部汉译佛经，主要阐述早期佛教（小乘）的基本教义，重点讲人生无常及爱欲之蔽。

《四十二章经》有着明显的早期佛教的苦行特色，"爱与欲"自然是头号敌人。其中规定："乞求取足，日中一食，树下一宿，慎勿再矣。"用这种办法来限制爱、欲。

当知动心缘境即为病。经云："何谓病本？谓有攀缘。"

——法藏《华严经义海百门·对治获益》

【助解】马祖问百丈：雁哪去了？百丈指渐渐远去的雁说：飞过去了。马祖就拧百丈的鼻子，骂他把心放走了。当下，百丈禅师大悟：心不能跟着外面的东西跑了。百丈的眼睛跟着雁儿走时是"动心缘境"犯了"攀缘病"。

再比如：僧在树下一宿是随缘，二宿、三宿便是攀缘

邪贪，于一切顺情之处，纯见其善，无善见善，小善见多善。以善摄恶，俱作善解，故名颠倒。

——智俨《华严五十要问》卷上

【助解】贪：第一根本烦恼、爱着执取，生苦为业。邪贪则是贪加邪见，贪与邪见的合相。邪见是第六根本烦恼恶见的一种表现。顺情：符合自己的情志。"以善摄恶"：用善包住恶，把恶的那一部分也解释成善。

儒家称这种现象为："爱之欲其生"。在初恋时夸大恋人的优点，在拍上司马屁时，上司提拔亲信时，在选择一个目标陷入弗洛伊德说的"理由化"时，就是这样"颠倒"。颠倒不仅表现为将标准上下的东西相反化，还表现为"无标准"。

邪嗔者，违情之外，纯见其恶，无恶见恶，小恶见多恶。以恶摄美，皆作恶解。故名颠倒。

——智俨《华严五十要问答》卷上

【助解】嗔：第二根本烦恼。怨憎为性，诸恶皆依托它而行。

偏心的父母、斜眼的上司、搞阴谋的政敌都是这样的颠倒汉。这叫"恶之欲其死"。陷入邪嗔颠倒的人自己的日子也不好过，被假想的、夸大的"对方之恶"搅得七窍生烟、心魂俱疲，终日一副反而要被别人折磨死的样子，还用不被理解的叹息做伴奏。

我佛早有言：三苦皆生于嗔。有人说现代文明的特征是怨憎。

邪痴者，善内得恶不觉，恶内失善不知故，是名邪痴颠倒。

——智俨《华严五十要问答》卷上

【助解】痴：第三根本烦恼，即常说的无明。"善内得恶"句：善中染杂入恶而不察觉。"恶内失善"句：不知道恶而失善的原因。

颠倒是个大陷阱。且不说没有社会公正所造成的是非颠倒、头足倒置的社会病，仅就人自身而言就颠倒得一塌糊涂。智俨列了十二种颠倒，上面三则属于其中的"内外颠倒"，如：善恶颠倒、别恶颠倒、三十二种病颠倒、灭三宝成三灾尽颠倒。《摩诃衍经》中还有三毒颠倒、二见颠倒等名目。

颠倒的名目是不可穷尽的，像恒河的沙子一样不可数。

贪图恚圄，痴城至固，世人游此，犹登春台，甘处欣欣。

——道安《十二门经序》

【助解】道安(314~385)：东晋僧人，般若学派"六象七宗"之一"本无宗"的主要代表。俗姓卫，在长安城五重寺传法，受学僧众数千。译经多勮，注释宏富。对佛教的发展有重大影响。

"贪图恚圄"二句：贪爱怨憎都是监狱，痴惑这个城堡最坚固。甘处欣欣：满意地安住其间还兴致勃勃。

用真谛的眼光看俗世，除了"如在死人间"，便会觉得到处是牢狱了。就正常的合理主义标准来看，住在"贪图恚圄痴城"中的同胞还少么？那么多口舌、勾心斗角、悲愤填膺、肝肠寸断、撕心裂肺，有多少是为了社会公正、民族福利、文化建设？不敢说全部，但绝大多数是为了毛发私利、蜗角虚名、你长我短！让人绝望的是活得昂扬、饱满的恰恰是他们。就像负重或背尸体的人走得快一样。当然他们是在自负其尸，不可救药的是他们的自我感觉是在登"春台"。"痴城至固！"斗在其中，其乐无穷。

邪心是海水，烦恼是波浪，毒害是恶龙，虚妄

是鬼神，尘劳是鱼鳖，贪嗔是地狱，愚痴是畜生。

——《六祖大师法宝坛经·疑问品》

【助解】毒害：佛教之三毒说是指毒害法身、善根的三种烦恼，即贪毒、嗔毒、痴毒。虚：无实；妄：反真。心存贪欲嗔怒就是身陷地狱，愚昧无知就堕入了畜生道。

海水、波浪、恶龙这组形容贴切地揭示了邪心、烦恼及其毒害的关系。如果紧接"尘劳是鱼鳖"这句就用海底世界把欲界众生的情况形容完了。人在尘劳中奔波如鱼鳖，人在自己的邪心海水中推波逐浪、某种情绪如恶龙，某种心态如鬼魅。不就是这么回事么？人一旦除去邪心、贪痴这个世界不就变成了净土么？

所有的宗教都是探索人如何获得根本转变的，佛教就是教人这样"看透"从而出离贪嗔地狱，跳出趋向畜生恶道的愚痴。六祖说："慈悲即观音"，"能净即释迦"。

痴，十二因缘之母。

——《法句经》

【助解】《法句经》：亦译《法句集经》《法句集》《法句录》等，古印度法救撰。二卷三十九品，七百五十二偈，系采集早期佛经中的偈颂，分类编集而成。是古印度佛教入门读物。

痴，十二因缘之母："痴"是十二因缘的始基。十二因缘又称"十二有支"，"因"是顺着生增，"缘"是借助着。《俱舍论》（九）说："诸支因分，说名缘起；由此为缘，能起果故。"大致意思是按下列秩序因缘相生：无明（痴）、行、识、名色、六处、触、受、爱、取、有、生、老死。据说这是释迦在菩提树下"觉悟"出来的主要理论：有情众生之所以流转生死，皆因痴而起，因缘相生，造业受果而轮转不息。所以说痴是十二因缘之母。

有人说这就是佛教的原罪说了。像基督徒活着是为了赎原罪一样，佛教徒活着就是为断灭这个痴，摆脱这个痴，摆脱了它才能超脱因果轮回，获得永生，到达西天净土。

及求涅槃者，今皆堕疑网。

——《妙法莲华经·方便品》

【助解】涅槃：意译"圆寂"。一般人将此词乱用于人的死亡，是个绝大的错误。它的本义是功德圆满、过患寂灭，即获得了解脱烦恼生死的觉悟。但是，执着涅槃者反而得不到涅槃。

堕入疑网中的求涅槃者大概因为太"痴"了。

钝根小智人，著相骄慢者，不能信是法。

——《妙法莲华经·方便品》

【助解】钝根：笨人，天赋低劣、缺少智慧，对佛门义理反应迟钝。骄慢：慢是根本烦恼，有"七慢"、"九慢"等详细的区分。从根本上说是由于有"我执"而心高举，对于功德法、功德人不尊敬，没有尊重贤善的惭心。骄是随烦恼之第十，醉傲为性。不能信是法：不能信入（六入之一）这个法门。

释家有个口头语："天机利者得其深，天机钝者得其浅。"更有骄、慢之徒，唯我独尊，求善智固步自封，起邪心无惭无悔，他们只能是邪魔外道，无法入我佛庄严光明的法门。

今为无眼曹，空诤自谓谛；

睹一云余非，坐一象相怨。

——《六度集经》第八十九"镜面王经"

【助解】《六度集经》：异名《六度无极经》，略称《六度经》。按"六度"分六章，共收佛经九十一篇。

这是就著名的"瞎子摸象"故事总结出来的偈句，讽喻那些"信萤灼之明，疑日月之远见"的短见凡夫，让他们突破那个划地为牢的"小我"，去接近实相全体。硬译如下：你们这些无眼人，自以为是瞎争论，攻一点不及其余，因同一象而生怨诽。

但以有我心，无智故兴逆。

如此大恶逆，恐怖事非轻。

——《四童子三昧经》卷上

【助解】"但以有我心"二句：只因为你心中总是有"我"（"我执"），成为没有智慧的小器人，所以举措皆乖悖佛门义理。

"如此大恶逆"二句：这样反佛法而行，你将陷入颠倒、恐怖中，这可是至关重要的事情。

【通说】宗教绝对排斥"小我"，释家是从人生经验中"反省"出来的，劈开固有的经验形态的"我"是其展开理路的第一步。愚迷自执是佛门死敌。

佛教又不同一般的宗教，它是最讲智慧的，它要人去寻找真如实相。那个实相真谛是肉眼看不到、凡俗智慧想不到的，却又绝对存在着。要修行成慧眼法身才能看得见、居其中，得"大欢喜"。否则只能在这个"忍世界"（欲界）颠倒、恐怖，形同无期徒刑的囚犯，而且还要"堕入阿鼻地狱"。

愚痴妄分别，邪见如死尸。

——《入楞伽经》卷五

【助解】《入楞伽经》：异译本有《楞伽经》《楞伽阿跋多罗宝经》等。"楞伽"，山名，意谓佛入此山说的宝经。法相宗所依"六经"之一，宣说世界万有由心所造等义理。

佛教认为真如平等无差别，愚昧的人根据经验浅智区分的善恶、美丑都是妄见。这种瞎作区分的活动，就是妄分别。

邪见貌似精明、有看法，其实是妄分别的产物，而妄分别是愚痴人干的傻事，愚痴人不是像死尸么——行尸走肉而已。

妄分别是"结惑业之始，织是非之缴网，缉憎爱之樊笼"。《大般泥洹（涅槃）经》卷五说："分别归依者，则乱如来性"。

如愚见指月，观指不观月。

计着名字者，不见我真实。

——《楞伽阿跋多罗宝经》卷四

【助解】《楞伽阿跋多罗宝经》：即《入楞伽经》。"阿跋多罗"，"入"的意思。入与不入是大关津。

这个问题后来成了著名的"指月公案"。见指不见月，舍本逐末，如同记名字不认识其人。所以下面佛说不见"我真实"。

计：记；名字：在此处不单指佛的名字，还包括所有的文字、语符。我：佛自称；真实：真如实相，真相法身。"佛"的意思是说：只关注符号世界是得不到真谛的。

"念经僧"是释家书呆子的别名，这种书呆子只见经的文本，无法悟入经所讲的道理之中。后来不识字的慧能来了个"不立文字，直指本心，见性成佛"。

或起殊胜知解，而剜肉为疮；
或住本性清净，而执药成病。

——延寿《唯心诀》

【助解】有的人追求超常的创见，却是在干剜好肉出了疮口的傻事。

有的人沉湎于清静以保住本性，却相当于一味吃药反而得了病。释家称这种情况为"边"。执边必舍中，剜肉为疮、执药成病只是给"执边"打个比方而已，像寓言故事。

初学触事成非，不依经律，混乱凡情，自陷陷他，甚可悲矣！

——法藏《修华严奥旨妄尽还源观》

【助解】初学者义不精理不熟，一接触具体事情就犯错误。不依经律：不遵守佛经戒律。"混乱凡情"二句：混同于俗人凡情，自己坑害自己并坑害别人。

初学不能掉以轻心，必须先掌握了经律的"方"，才可以行权便，否则就会犯"自陷陷他"的错误。——这一条是放之各种学科而皆准的。它如学医行医。

何物杀安乐，何物杀无忧，

何物毒之根，吞灭一切善。

——智顗《童蒙止观·弃盖》

【助解】答曰："嗔为毒之根，嗔灭一切善。"

因为嗔生怨，怨生恼，嗔像盖子盖住了善心，成了毒根。所以要像揭去压抑人的盖子一样，"杀嗔则安乐，杀嗔则无忧。"《童蒙观止》专辟"弃盖"一章，论证各种"盖子"给人的损害，而"嗔"是最常见、也是为害最深的盖子："嗔是失佛法之根本，堕恶道之因缘，法乐之冤家，善心之大贼，种种恶口之府藏。"对治的办法是"修慈忍心以灭除之。"

诤根有二，谓着诸欲及着诸见。

——《俱舍论·分别界品第一》

【助解】口诤这个毛病的根源，在于人执着于各种欲望、执着于各种边见。

诤，属于恶口业，相当于常说的"硬争辩"。这个特点是任何人都免不了，因为人们都以有主见为美。佛教恰恰认为这是"无明"（痴）的表现，"口掉"之一种。佛教拒斥"诤"则表彰"默"，这一点与道家相似。

> **掉有三种：一者身掉，身好游走诸杂戏谑，坐不暂安。二者口掉，好喜吟咏，竟诤是非，无益戏论，世间语言等。三者心掉，心情放逸，纵意攀缘，思唯文艺，世间才伎，诸恶觉观等，名为心掉。**
>
> ——智顗《童蒙止观·弃盖》

【助解】掉：亦称"掉举"、"掉散"，心高举而造成的烦恼。戏论：错误无益的言论。《中观论疏》卷一把戏论分为两种：一、爱论，由贪爱心引起的种种言论；二、见论，对一切事物的固执见解。觉观：粗思为觉，细思为观。虽是不可少的"意思唯"，但都妨碍定心。《大智度论》卷二十三说："觉观挠乱三昧（禅定）。"应该修证的是"止观"。

就像西方人说中国人人有压抑症一样，中国人也可以说西方人人都是掉散病患者。当然活着的人都犯这种病，越充满活力的人病越重一些，佛教僧徒的各修行持戒就是为了对治掉散病，比丘（或比丘尼）坐化了就告别了掉散病，修行得功德圆满了。中国人在农业文明模式时期，尤以文人为掉散病的典型患者。转向市场经济后人人都成了掉散病患者。

愚呆所行，随邪放逐。

——《持心梵天所问经》卷四

【通说】愚呆似乎与掉举正相反，没有掉举轻心、花里胡哨的毛病。但佛学是主智的，认为没有正知正觉，只能是跟着本能走，愚呆者也许没有花样翻新的恶行，但同样是"随邪放逐"。我们很容易想起猪八戒及其所能代表的人群。

以疑覆心，故于诸法中不得信心。信心无，故于佛法中空无所获。譬如有人入于宝山，若无有手，无所能取。

——智顗《童蒙止观·弃盖》

【助解】以疑覆心：心被怀疑笼罩。信心：信仰的心意，指对佛法起正信心。

【通说】疑属痴毒。别以为怀疑就不傻。若怀疑真理就是最傻不过的了。

佛教那一大套严密的佛理，不从正信心起脚，难以入其堂奥。

赋性暴举止傲，说甚禅谈甚道？

有个没意智呆郎，随例妄想颠倒。

——《大慧普觉禅师语录》卷十二

【**助解**】没意智呆郎：没意志、没智力的愚人。随例：随着大家的习惯。脾性粗恶，举止傲慢，这既乏慈悲又欠教养，怎能修习禅理佛道？这种人需要脱胎换骨才能皈依佛法。没主意、没正智的愚呆人，只能随大流，"随邪放逐"，也同样难入佛门。佛门，缺德少才的难以问津。

烦恼依识而生。

——《俱舍论·分别界品》

【**助解**】《俱舍论》，全称《阿毗达磨俱舍论》，意译即为"对法藏论"。世亲著，唐玄奘译，三十卷（六百颂），为小乘向大乘过渡之作，反映了说一切有部关于世界、人生和修行的主要学说。

佛门诸宗解释烦恼的成因都是这一个理路：从生到死，男女贪染于"色"（万有），因此沉溺于"受"的境界，便生出"识"（意识）来，烦恼便出现了：烦恼是随着人的意识的出现而产生的。"烦恼万差，皆是垢心"（慧能语），要用"净心"来对治之，才能生"净土"。

或滞理溺无为之坑，

或执事投虚幻之网。

——延寿《唯心诀》

【助解】有人拘泥玄虚义理而陷入无所作为的泥潭。

有人执着于具体事物而投身于假相的罗网。

这两种毛病在佛门以外更为普遍。有的人高自标置，迈不出"理想主义"的门槛，成为聪明的废物，有的人追求过程的完美，葬身于细节的无底洞。

于非法中，生是法想，于非义中，生是义想，于

末世时非是智者所作言论，作正论想，是名邪

法罗网之所缠心。

——智俨《华严五十要问答》卷上

【助解】把不合佛法的想成符合佛法的。把不正义的想成正义的。把衰颓时代不正确的所谓智者的言论当成正确的正宗的思想。这就叫被邪魔外道给缠住了。

这是小才浅智者的颠倒症状。这种纠结着小巧智术的邪见尤其难缠，要想去邪见扶正想须费加倍的功夫。而不被邪法罗网缠心的人极稀。

觉来非有，梦里非无。既习颠倒之因，不无虚妄之果。

——延寿《万善同归集》卷下

【助解】醒来没什么。梦里并不是没什么。觉，喻指人觉悟；梦，喻指人生活于假相俗谛中。

既然已经染杂了"颠倒之因"，就必然有"虚妄之果"。

延寿是在回答"既受实报，云何言一切空"，到底空不空？从因果链条上看，不空；从真谛的角度看，无论哪个"颠倒之因"，还是"虚妄之果"，又都是空的。陷入去（到了梦里）就有什么，超脱出来又觉悟到没有什么。

其人不知味，守护一切法。

——《大乘顶王经》

【助解】什么都信的人必然是"不知味"的。

匍匐升沉之路,缠绵取舍之怀。……将法空为
恚爱之境,返真智作想碍之情。长随八倒之风,
难出四边之网。

——延寿《唯心诀》

【助解】爬行在浮沉起降的道路上。纠缠于得失的计较中。将万法皆空变为怨恨贪爱的场地。把正智慧贬低为幻想、烦恼的情。随风倒,难冲出惑恼的罗网。

可以说所有的人都属于这种人。当然程度有等差,目标有正邪。若强调其特指的对象,当是指那些"妄识浮沉,缘小巧伪"的嘀嘀咕咕的"巧人",他们活得最愚痴却又最以为得计。

尔向枯骨上觅什么汁!

——《镇州恒济慧照禅师语录》

【助解】枯骨觅汁比缘木求鱼更准确地形容着某类徒劳无功的活动。慧照禅师这里特指"认名字为解,大策子上抄死志汉语"那种皓首穷经的活动。慧照认为"声名文句,皆悉是衣变",不是实质。衣的种类本来就有清净衣、菩提衣、涅槃衣、忍辱衣、祖衣、佛衣。若只看表皮，不看内质，就更不得要义了。只认名字，就是只看表皮，必然会陷入"相逢不相识，共语不知名"的可笑境地。真该向南辕北辙的痴迷汉棒喝："尔向枯骨上觅什么汁！"

自生解脱想，而实无解脱。……
譬如镜中像，虽见而非有。

——《入楞伽经》卷六

【助解】不但追求实利是镜中觅花，追求解脱亦然。有意去解脱，即未得解脱，尚在意欲纠缠中。而且既作涅槃想，就承认了"非涅槃相"。而且"虽见而非有"的事相太多了，无论是沉湎还是解脱，都难得实相，都在跟着"虽见而非有"的镜中之像旋转。这个镜像理论比拉康的彻底。

世人愚迷，不见般若，口说般若，心中常愚。……
念念说空，不识真空。

——《坛经·般若品》

【助解】慧能接着说："般若无形相，智慧心即是。"口说般若而心中常愚的人就是找不到自己的"智慧心"。关键是"不识真空"，一旦着相，便是愚迷。

鱼在水中而不知水，人在心中而不知心。

——《紫柏老人集》卷九

【助解】紫柏老人还说"人悟心难"，"日用而不知者，众人也"。

五欲无药，如狗啮枯骨。五欲增诤，如鸟竟肉。
五欲烧人，如逆风执炬。五欲害人，如践毒蛇。
五欲无实，如梦所得。

——智顗《童蒙观止·诃欲》

【助解】五欲：对世间色、声、香、味、触五蕴的欲望。全句是说五欲这种毛病无药可医，恰如狗改不了吃屎。增诤：增生怨恨，口舌之争。

智顗还从别的角度来"揭露"五欲："如火益薪，其焰转炽"、"假借须臾，如击石火"，总而言之"世人愚惑，贪着五欲，至死不舍，后受无量苦恼。此五欲法与畜生同有。一切众生为五欲所使，名欲奴仆。"欲望的奴隶似乎比别的奴隶更可怕。

欲如怨贼，甚可怖畏，处五欲者，犹如履刃。智者
弃欲。

——《方广大庄严经》卷五

83

【助解】怨贼：不是普通的贼，而是怀着仇恨、报复欲的贼，所以破坏性强、危害性大。用怨贼形容欲，五欲成为释家一个习惯用语。履刀：踩着刀刃。

"智者弃欲"就是不当欲望的奴隶。以放弃为制欲的办法就是人们常说的超脱。西方人讲求用实现、渲泄的方式来打发欲望，东方智者则讲求克制、贬低、放弃之。

"放手即平地"，弃欲能成"金刚"。

众生无法器，世界成杂凑。

——《华严经》卷七

【助解】法器：能够承担起弘扬佛法重任的人。

有情众生若有法器出，则"一灯能除千年暗，一智能灭百代愚"了，一个杂凑的世界也就有了规则，有了方向。

解痴解惑

定有三义焉：禅也，等也，空也，用疗三毒。

——道安《十二门经序》

【助解】定：心定止于一而不散乱。修定是为了定心治乱以发真智。禅：梵文 Dhyāna，音译"禅那"之略；意译"静虑"、"思维修"、"弃恶"等。中国习惯把"禅"和"定"并称为"禅定"。这里是以禅释定。等：术语"等至"之略，"定"之别名。在定中身心平等安和谓之等。空：究竟而无实体。有"二空"、"三空"至"十八空"之说。三毒：毒害善根之三烦恼。即贪毒、嗔毒、痴毒。这三毒亦成相应的"三病"。

以"禅"治"贪"的道理在于省减心机。以"等"治"嗔"的道理在于不生分别执见。以"空"治"痴"的道理在于"看透"。

非观，无以拔三毒之病根；
非行，无以超三界之有狱。

——延寿《万善同归集》卷中

【助解】观：音译"毗婆舍那"、"毗钵舍那"等，泛指一切思维观察活动，特指在"正智"指导下对特定对象或义理的观察思维活动。"观"的种类极多，按对治之"烦恼"、希望获得的功德以及成就"智慧"的不同，观法亦千差万别。如"拔三毒之病根"的观法分别是：修不净观治对治贪病，修慈悲观以对治嗔病，修因缘观以对治痴病。

行：即俗话说的"修行"。通过修行来超越欲界、色界、无色界之各种牢笼羁绊。空，是究竟；有，便相当地狱了。

观行相结合，故且用理论与实践来比方，如车之两轮、鸟之双翼。二者兼修才能得正觉，偏废一方都难逃生死海。

以自觉之智刃，剖开缠内之心珠；用一念之慧锋，斩断尘中之见网。

——延寿《宗镜录·序》

【助解】佛教认为众生之心性，是本来清净之佛性，故比喻为明珠。如韶山和尚作的《心珠歌》说："此心珠如水月。"梁简文帝说过："心珠可莹。"此处的意思是用智刃剖开缠碍内心的魔障，发露出心珠本身。

见网：种种邪见缠缚使身心不得脱免犹如罗网。

延寿说：运用智刃、慧锋来"回光就己，反境观心"，能使"佛眼明而业影空，法身现而尘迹绝"。譬如人的眼睛患有重影症，反而去扑灭灯上的重光是不行的，毛病在内不在外，是佛教的一项基本原理。那些逞"小智权机"，把清净世界搅得昏浊乱离的"邪根外种"尤当勤修这种无情地斩断见网的功课。

不净观对治贪欲，慈心观对治嗔怨，
界分观对治着我，数息观对治多寻思。

——智顗《童蒙止观·正修行》

【助解】不净观：五停心观之一，为治贪心观身之不净。

慈心观：即慈悲观，五停心观之一，与众生同乐叫做慈，拔苦叫做悲。为对治嗔病而常思与乐拔苦之心。

界分观：保持差别而无混滥的思维。用以化治自我偏执（"我执"）的意念。

数息观：默数出入之呼息以停止心散意乱的观法。五停心观之一。多寻思是一种焦虑心态。

各种对治法门都是心理治疗术，如不净观治贪毒，就有许多"细则"。观自身之不净的方法有九种：一死想、二胀想、三青瘀想、四脓烂想、五坏想、六血涂想、七虫噉想、八骨锁想、九分散想。观他身不净又有五种方法。"究竟推求，无一净相。"

修定，欲伏烦恼；修慧，欲破烦恼。

——智顗《妙法莲华经文句》卷一

【助解】佛说人是一"苦聚"，换成新名词说就是"烦恼的集合"。定，相当于休克疗法。慧，则是在运动中消灭"敌人"。

随便宜以观安心。

——智顗《摩诃止观》卷五

【助解】便宜：聪明适宜的方法。随便宜此处可理解成"随机"。"以观安心""观"是非常，就是要求时时处处运用反思的智慧来保持心安。

重要的修行方法，要点在"看得破"，如智照有，明了万家；慧观空，洞彻理体。通过观想训练修成般若这种永恒圆满的真智大觉。

随对治以观安心。

——智顗《摩诃止观》卷五

【通说】智顗自作的解释是："观能破暗，能照道，能除怨，能得宝。倾邪山，竭爱海，皆观之力"，所以以观安心是伴随着"对治"必然能获致的受用，或者说"以观安心"本身就在对治着痴惑诸病。

> **沉沦恶趣中，备受无边苦，我所示汝法，应生尊重心。自励勤修行，当获无为药。**
>
> ——《方广大庄严经》卷一

【助解】自尊自重追求无上智慧、追求超乎肉身享受之上的更有价值的东西。这也就是常说的宗教情怀、形而上的受用。

> **尔一念心歇得处，唤作菩提树。尔一念心不能歇得处，唤作无明树。**
>
> ——《镇州临济慧照禅师语录》

【助解】菩提树：在古印度摩伽陀国。释迦牟尼在此树下成道，故名菩提树。意译为"道树"、"觉树"等。这句话的意思是说一旦放下尘俗欲望、是非计较心，便走上了觉悟的道路。

无明：痴的异名。有"二无明"、"十五种无明"等名目。无明树：因无明能生苦果，故以树为譬。

慧照禅师接着说："尔若念念心歇不得，便上他无明树，便入六道四生披毛戴角。尔若歇得，便是清净身界。"你是上菩提树呢，还是上无明树呢?

物无可欲。人欲之，故可欲。欲生于爱，爱必取，取必入，入则没。没则己小而物大，生轻而物重，人亡而物存。古之善生者，不事物，故无欲，虽万状陈前，犹西子售色于麋鹿也。

——《憨山绪言》

【助解】"人欲之"二句：因为人对物滋生了欲望，物才变成了"可欲"的对象。

"欲生于爱"四句：欲是爱的表现，爱之就去取，便投入，投入便湮没于物之中。一切迷事之惑谓之爱。

"没则己小而物大"三句：湮没在物（对象）中，人便比物渺小了，生命不值钱物反而贵重了，这等于没有了人而只有物了。

"古之善生者"三句：古代善待生命的人，不追求物质满足（事：动词，服待、伺侯）。所以没有欲望。

"虽万状陈前"二句：各色各样的东西摆在面前也毫不动心，像西施的美色无法吸引麋鹿一样。

又如来光名曰脱门，值斯光明令邪见者逮获正

见；又如来光名曰趋天，值斯光者令悭贪类好喜惠施；又如来光名无热恼，设值斯光其犯恶者奉持禁戒；又如来光名曰持心，诸嗔恨者逮得忍辱。

——《持心梵天所问经》卷一

【助解】这等于说佛学思想像阳光照到哪里哪里亮。

原经文中连用了三十多个"如来光名曰"，用光明驱逐黑暗令人神往。

脱门：解脱门。值：当、承。斯：这。值斯光明就是被这种光明照着、承受了这种光明的意思。邪见者获得了正见是种解脱。

"又如来光名曰趋天"二句：被如来光照耀贪婪吝啬的人变得好善乐施起来，这是趋进天堂的行为。

热恼：逼于剧苦而身热心恼叫热恼。离诸热恼叫无热恼。

持：护持、保持。持心：保持平等心、护持净心。

夫对病而裁方，病尽而方息；治执而施药，执遣而药已。为病既多，与药非一，随机进修，所以方便不同。

——杜顺《华严五教止观》第一

【助解】杜顺(557~640):即法顺,隋唐之际高僧,被推为华严初祖,在终南山开讲《华严经》,知名弟子有智俨等。著有《华严五教止观》《华严法界观门》。

"夫对病而裁方"二句:对症的处方,病症消失药方过时。

"治执而施药"二句:治疗执着的药,随执着的改变而完成任务。

方便不同:方法不同,相当于马克思说的"具体问题具体分析"。因为每个人的感受不同,便须不同的对应。

杜顺怕修行人出现"因药成病"的现象,特别提醒不要对药方产生执着。而"因药成病"的现象遍及社会、心理、医疗诸界。更冤枉的还有烧香引来鬼。

空观者,破见思惑,证一切智,成般若德。

假观者,破尘沙惑,证道种智,成解脱德。

中观者,破无明惑,证一切种智,成法身德。然

兹三惑三观三智三德,非各别也,非异时也。

——湛然《始终心要》

【助解】湛然(711~782),唐代高僧,天台宗九祖。提出"无情有性",说木石等无情之物亦有"佛性",发展了天台宗教义。主要著作有《法华玄义释签》等。

空观：持万法皆空的观念来观察万物。

见思惑：见惑、思惑之略，见思惑是概括三界烦恼的通称。见惑指我见、邪见、妄见等一切迷理之惑。思惑指依据贪嗔痴等迷情思虑世间万物而产生的虚妄想法、烦恼。

一切智：三智之一（声闻缘觉之智），知一切法之总相的智慧。这个总相便是"空"。这个空不是性空，是一切法因缘所生，了不可得，万事万法之理是空的。

般若德：德是"常乐我净"，自性三德：般若、解脱、法身。般若德是来自性德的智慧的功德。

假观：持万法皆是因缘合成的假有的观念来观察世界。

尘沙惑：众生的见惑、思惑多如尘沙。菩萨专断灭尘沙惑。

道种智：三智之一（菩萨之智），知一切种种差别之道法的智慧。道是理论，种是种种，是事相，菩萨智慧能够理事圆融，做到理事无碍。

解脱德：获得解脱的功德。

中观：细分为二，观诸法亦非空亦非假叫"双非中观"；亦空亦假叫"双照中观"。

无明惑：痴惑，于一切法昏迷无所明了，是烦恼之根本。

一切种智：三智之一（佛之智），知总相（"一切"）、分别相（"种"）之道法的智慧。《大乘起信论》："诸佛如来离于见相，无所不遍，心真实故即是诸法之性，自体显照一切妄法，有大智用，无量方便，随诸众生所应得解，皆能开示种种法义，是故得名一切种智。"一切种智是一切智与道种智的圆融。一切智是理无碍，道种智是理事无碍，一切种智是一切无碍。

法身德：超脱生死轮回的功德。

"非各别也"二句：因为一念之心具三千诸法，所以这些惑、观、智、德是联系在一起的。

天台三观的大致意思是"一心三观"。空观，观诸法之空谛；假观，观诸法之假谛；中观，观"双非"、"双照"之中谛。这三观分别对治那三惑。惑是昏迷不明白的意思。见惑起于"分别"，意根对法尘起了邪见。思即思维，有贪染之性，五根贪爱五尘生起想念，就是思惑。见思惑多如尘沙，又皆起于无明。可以说"三惑一心"。于心中同时观悟空谛（虚假不实，故为真空）、假谛（事物因缘所生，故为假有）、中谛（空假不可分离，非空非假，亦空亦假），便是"一心三观"。

能持此"三观"，便可顿得"三智"，这又叫"一心三智"。

止灭爱，观灭痴；痴灭，得道之证。

止观道满，痴爱即灭。饱于道者，不复贪矣。

——《阴持入经注》

【助解】止：亦作"止寂"，"禅定"的另一称谓，音译"奢摩他"。原注云："止，摄也，摄六情还意，不复受。"所以能断灭爱欲。

观：智慧。止观又称为定慧。"观"是在"止"（"住心于内"）的基础上，集中观察、思维预定的对象，得出合乎佛法的观点、智慧或功德。

《维摩诘经》卷五僧肇注："系心于缘谓之止，分别深达谓之观。"但能否对付得了爱和痴，便只能用极长时段的观念来看了：也许再过几劫，人类脱离了痴爱之海。但"饱于道者，不复贪矣"却不是天方夜谭，而是个人人都可以到达的境界，只要你愿意，并且修习得法——禅宗要求"参须实参，悟须实悟"。

邪来正度，迷来悟度，愚来智度，烦恼来菩提度，如是度者，是名真度。

——《坛经·忏悔品》

【助解】邪来正度：用正知正见正思维帮助自己从邪见中解脱出来。

迷来悟度：通过证悟从痴迷中解脱出来。

愚来智度：用智慧对治愚昧。

烦恼来菩提度：用觉悟对治烦恼。

"如是度者"句：这样修证，才叫真正的解脱。

度脱靠证悟。证悟是一种真实的心灵飞跃。

无缘不强化，机熟自相应。

——延寿《万善同归集》卷中

【助解】众生有感，佛来相应。众生无感就是机不熟，无缘。佛法不强迫人相信，因为强化不起作用，佛是帮助众生证悟自己的自性，众生得度化也是依靠自己的性德，佛也替不了你自己。

对治则有，实性则无。

——智俨《华严五十要问答》卷上

【助解】对治时有境，境是因缘假合，没有实性。所以人对治时有，就实质而言是无。

誓断无染尘劳，原生唯心净土。

——延寿《万善同归集》卷下

【助解】尘劳：烦恼。无染尘劳：内心里的没有外缘的烦恼。

净土：大乘佛教传说佛所居住的世界，亦称"净刹"、"净界"、"净国"、"佛国"。与世俗众生居住的世间所谓"秽土"、"秽国"相对。

　　基督教的天堂、道教的仙境、佛教的净土都是彼岸，所谓的拯救，就是从此岸度脱到彼岸。这需要克服人性最内在的无明，断尽无始劫来的习性。

　　众生心如镜，镜垢像不现。

——延寿《万善同归集》卷上

　　【助解】众生都有大圆镜，只有佛有大圆镜智。佛教认为人心本净，只因遮蔽太多（"垢"），映照不灵了。所以勤擦洗心镜，不使惹尘埃，是必修功课。

　　真观清净观，广大智慧观。
　　悲观及慈观，常愿常瞻仰。
　　无垢清净光，慧日破诸暗。

——《添品妙法莲华经》卷七

　　【助解】真、清净、智慧、慈悲是佛教基石性的概念。佛教是讲道理的，让人们破除愚暗，走进智慧的光明中，自心清净，慈悲为怀。

妆痴无一智，而说是智者。

——《添品妙法莲华经》卷三

【**助解**】那些"快乐的猪"都是这样的。

内色不贪，不受外色。

——《持世经》卷一

【**助解**】内色是眼、耳、鼻、舌、身的活动，外色是色、声、香、味、触的境界。内色不动便不会生起外贪、外不受，这样便能住持清净心了。佛教还有类似的格言，如"内细，外终不粗。内粗，外终不细"等等。

寂静胜进忍，如来清净智。

——《入楞伽经》卷五

【**助解**】寂静胜过精进忍辱，这就是如来的清净智法。

智慧无垢相。

——《入楞伽经》卷五

【助解】垢是蒙尘，智慧是心镜明亮。心乱的人脸上的皱纹都是乱的。

净心无垢亦无爱，如是等欲菩提心。

——《佛说菩萨行方便境界神通变化经》卷上

【助解】心能无垢无爱就是净心了。爱生贪、贪生染、染生垢。

无垢无爱就相当于追求觉悟，净心就是菩提心了。"欲"在此处是追求、向往的意思。

离却一分贪染，即拥有一分清净、智慧。

佛者心清净是，法者心光明是，道者处处无碍净光是。三即一皆是空名，而无实有。

——《镇州临济慧照禅师语录》

【助解】心清净就是佛了。

心光明就是佛法了。

处处不违阻清净佛光就是觉悟之道了。

"三即一"二句：佛、法、道三者是一回事，都是空名，没有实体。

这是禅宗的观点。他们只强调内心觉悟，想跳出传统的教规教义，所以说佛、法、道都是空名。

尔一念心疑处是魔。……处处清净是佛。

——《镇州临济慧照禅师语录》

【助解】真能悟透此理，成不了佛也受用不少，至少能从嘀嘀咕咕中解脱出来一些。

一切诸法，本净自然，悉虚无实，为诸客尘之所沾污。

——《度世品经》卷五

【助解】《度世品经》，六卷，西晋竺法护译，即《华严经·离世品》之异译。"度"就是"离"的意思。

世界本是清净、空灵的，只是被人们的烦恼意欲给弄脏了。

由愚者以不净为净，致受入欲渊；以苦为乐，致受入有渊；以非常为常，致受入见渊；以非身为身，致受入不明之渊。

——《阴持入经》

【助解】由：因为。不净：欲界诸物皆是杂染不净的。受，又译为取。五蕴之一，指外界影响于生理、情绪以及和伦理学有关的痛痒、苦乐、忧喜、好恶等感受。欲渊：欲望的深渊。有：梵文Bhava的意译，"存在"的意思。使用范围极广，引申为世俗世界的代称。有渊：生死苦海。非常：无常。见渊：偏见的深渊。非身：法身是清净的，相对法身而言，肉身其实不是身。不明：无明、痴惑。

世俗人认为佛学是唯心的、头足倒立的，佛学认为世俗人本末倒置、颠倒错谬。

世人外迷着相，内迷着空，若能于相离相，于空离空，即是内外不迷。

——《法宝坛经·机缘品》

【助解】相：泛指一切能看到的东西。着相：执着于相。着空：执着于空。

也许要把"内迷"用于外，就能离相了；"外迷"移用于内，就可以离空了。然而这只是我们的外道胡说。不过，《坛经》有言："着空，即唯长无明；着相，即唯长邪见。"事实上，能够内外不迷的人绝无仅有，内外两失的人却如恒河沙数。能内外不断就是佛菩萨了。

但除其病，而不除法，是为护过。

——法藏《华严经义海百门·实际敛迹门》

【助解】《成唯识论》卷一："法谓轨持"。《成唯识论述记》的解释是："'轨'谓轨范，可生物解；'持'谓任持，不舍自相。"第一句是说，法是人们可以认识的规范，后一句是说法有自性或质的规定性。法藏这里说的是：不但要去掉病症，还要除掉病的原因和病理。

否则，当然还要重犯，而且暂时的去病现象反而是在掩护病理了。

心外无心，心外无物。……差别相起，名曰心囚。一切扫除，平等自由。

——杨度《虎禅师论佛杂文》

【助解】杨度要扫除的是各种"差别"，认为无差别即"平等自由"了。这有近代"痞子运动"的革命色彩。杨度还有一自认为超过了神秀、慧能的偈子：

身是菩提树，心如明镜台。

尘埃即无物，无物即尘埃。

不知《春秋》不能涉世，不精《老》《庄》不能忘世，不参禅不能出世。

——《憨山老人梦游集》卷三十九

【助解】这与乾隆皇帝儒教治世、佛教治心，道教养生的分工安排几乎近似。历代外方内圆的士绅、士大夫也大体上是这样做的。

普告一切诸人天，娑婆世界雨甘露。

——《方广大庄严经》卷八

【助解】人天：人趣、天趣。于此句中可理解为追求人天行果的人们。娑婆世界：即现世世俗世界。甘露：譬喻词，指如来佛法。如来佛法又被称作"甘露净法"。

人世间是佛的大道场。所以不能厌世也不必厌世。奉行"甘露净法"即能化烦恼为菩提。

凡夫不识自佛，一向外求，住相迷真，分别他

境，不为助道，但求福门，似箭射空，如人入暗。

————《金刚经·注》

【助解】住相迷真：沉溺于假相而迷失了真性。"不为助道"二句：福德与功德不同，求福门是"寿者相"作为。助道：有助于证道，追求形而上的价值。"求福门"是追求俗世幸福。

佛教认为所有的"外求"行为都是缘木求鱼、箭射虚空的愚行，因为外部世界是由因缘合成的假相世界。

慧灯如朗日，蕴界若乾城。明来暗便谢，无暇暂时停。妄心犹未灭，乃见我人形，妙智圆光照，唯得一空名。

————《智慧颂》转引自《金刚经》

【助解】乾城：乾闼婆城之略，又称"蜃气楼"，幻城的意思："幻惑似有，无实城用。"谢：消失。智慧之光一照黑暗愚昧便立即消失了。

我人形：人我相，妄作区分的意思。"妙智圆光照"二句：智慧之光照来照去，只得出一个"空"的结论。

"一灯能除千年暗"，释尊所居之地金光灿烂，智慧的确可以成为光明的代称。但佛光是空诸所有之光，匪夷所思。

身在海中休觅水，日行山岭莫寻山。

——川禅师语录转引自《金刚经集注》

【**助解**】因为"佛与众生无异相，生死与涅槃无异相，烦恼与菩提无异相"（黄蘗禅师语）。所以没有必要去"外求"解脱之道，干海中找水、山上寻山的傻事。

心法

向外作工夫，总是痴顽汉。

——义玄语录摘自《临济语录》

【助解】智闲设置过这样一种情景：

如人在千尺悬崖，口衔树枝，脚无所踏，手无所攀，忽有人问：如何是祖师西来意？若开口答即丧身失命，若不答又违他所问。在那种时刻该怎么办？

所谓向外作工夫，就是这个要开口说话。禅宗认为所有向外作工夫的，都是那些开口说话堕入悬崖的痴顽汉。

心无者，无心于万物，万物未尝无。

——僧肇《不真空论》

【助解】这是"心无宗"的核心论点，心无宗认为人们观察万物（"色"）为空，只要使心中无物就行了；至于万物本身是空或非空，可以不去管它。也就是说，他们讲空，只是从"无心"的角度讲，不是从万物本身去讲。这句话被佛门本宗后学归结为两点：一、不空境色；二、空心（不起执心）。他们相信心体是无，如太虚，虚而能知，无而能应。

夫心者，众法之本也。

——《阴持入经注》

【助解】因为"心念善即善法兴，恶念生即恶法兴"（原注）。

志存所愿，惨淡惧失之情，为情劳。

——《阴持入经注》

【助解】人们常说的"爱折磨人"、"情吃人"就是这个意思。当然官迷、钱串子商人都各有自己的"情劳"。

至极以不变为性，得性以体极为宗。

——慧远《法性论》

【助解】慧远(334~416)，东晋高僧，俗姓贾，师事道安，尤精"般若性空"之学，兼倡小乘禅教之学。其"弥陀净土法门"影响深远，被尊为净土宗初祖。著有《大乘义章》《十地经论疏》等共二十部一百余卷。

"至极"句：达到最高标准（"至极"）了，不再变化的才是"性"。"得性"句：拥有自性以体现最高标准为宗旨。

"至极不变"本是说的成佛后的境界，超脱了生、住、异、灭的变化流程，这才算人性复归了。人性复归是任何宗教体系共宗的理想。"得性"的目的是为了体现最高标准（体极），只有佛才是人的"极"，就像上帝是基督教徒的"极"一样。

恰恰用心时，恰恰无心用。

——法融语录摘自《五灯会元》卷二

【助解】法融(594～657)：唐代高僧，禅宗牛头宗创始人，世称其禅法为"牛头禅"。著有《心铭》。

心是灵明的知觉性，故意"用心"便会失其本体，就像一紧张反而发懵一样。佛法以"别有用心"为天敌。什么"机心叵测"之类都是害人自害的把戏。在无边佛法面前人那点可怜的小聪明像灰尘一样微不足道。所以，还是修炼无所用心以体合自然大道为正着。这叫"无心恰恰用"。

性即佛，佛即性，故曰见性成佛。

——云居智禅师语录摘自《五灯会元》卷二

【助解】关键是什么叫"见性"。禅宗认为:"清净之性,本来湛然(澄净无染),无有(不会)动摇,不属(也无所谓)有无、净秽、长短、取舍,体自翛然(其本体自然超脱)。如是明见(能这样明白地认识)叫作见性。"(《五灯会元》卷二)去掉见思惑、所知障等盖住自性的尘染,就能见住自性。元音老人有专著《明心见性》。

一切学道人,随念流浪,盖为不识真心。真心者,……无为无相,活泼泼平常自在。

——无住语录摘自《五灯会元》卷二

【助解】"随念流浪"是人的宿命。学道之人,或读书之人随所信的理念流浪。不读书向道的人随着流俗、集体无意识而流浪。因为太热有为了,便令着相,着相就不识真相,真心。"活泼泼平常自在"是形容真心没有邪见俗欲束缚。

莫错用意,经中只即言自归依佛,不言归依他佛。自性不归,无所依处。

——《坛经》

【助解】《坛经》是禅宗宝典,"自归依佛"与"归依他佛",

犹如伦理学讲的"自律"、"他律",自慧能后中国的禅师都讲"自律"了。信外在的佛便是"错用意"。"自性不归"便是向外做功夫;"无所依处"就得"随念流浪"了。

自修性是功,自修身是德。

——《坛经·疑问品》

【助解】这是对功德最简明真切的解释。追求功德就应该自修性、自修身。

禅门还有类似的话头还有:"修性不修命,万劫阴灵难入圣;修命不修性,犹有家财无主柄。"修身、修命是后来禅门的热话题。

"性命双修"是禅仙合流的一种表现,影响很大,很多人都想追求这种两全其美。据说性命双修之始祖是吕洞宾。

《净名经》云:"直心是道场,直心是净土",莫心行谄曲。

——《坛经·定慧品》

【助解】"直心是道场"句:语见《维摩诘所说经·菩萨品》也说过:

"直心是道场，无虚假故。"直心即真心，就是本来面目。道场是修道、虽道、让道的场所。僧说：直心，谓质直无诌、内心真直，外无虚假。《坛经》用直心解释一行三昧："一行三昧者，于一切时中行坐卧，常行直心是。"一行三昧是道场随身。举心动念都是善念，所言所行都是善法，身口意三业达到清净，就拥有了"直心"。与"心直口快"任性随意有天渊之别。若能体认直心，时时处处是修行。

"直心是净土"句：《维摩诘所说经·佛国品》："直心是菩萨净土，菩萨成佛时，不诌众生来生其国。"净土是出离尘染的清净地，其实是清净心地。佛觉悟了，没有烦恼，只有清净心，他的境界是净土。凡夫迷着，没有清净心，只有烦恼，所以他的境界轮回，是娑婆世界。心净土净，心不净一切不净，实际上这个土就是你的心，土本身不存在，化是心的显现。

《法宝坛经》还有与此大同小异的说法："欲得见真道，行正即是道。自若无道心，闇行不见道"（《般若品》）。"他非我不非，我非自有过。但自却非心，打除烦恼破；憎爱不关心，长伸两脚卧。"（《般若品》）长伸两脚卧是刻画"自在"，是直心的表法，禅宗常说饥时吃饭困时眠也是此意。"念念无间是功，心行平直是德"（《疑问品》）等等。诌典破坏了清净自然的直心，内失质直、外示虚假，所以修行人必须力戒之。即使不登西方净土，也不能成为"心行谄曲"之徒。儒家也最反对"心行谄曲"。

> **若能心中自见真，有真即是成佛因；**
> **不见自性外觅佛，起心总是大痴人。**

——《法宝坛经·付嘱品》

【助解】从因地上用功，就发真心见真性，成佛的自性，修行就是从外缘上觅佛是缘木求鱼、南辕北辙，终身一无所获。《坛经》有言："何期自性本自清净，何期自性本不生灭，何期自性本自具足，何期自性本无动摇，何期自性能生万法。"所以，"不见自性外觅佛"太愚痴了，"自见真"就是"见自性"。

唯敦煌古本《坛经》有，别的版本没有的几句可资一助：

不识本心，学法无益。识心见性，即悟大意。

> **穷释子，口称贫，实是身贫道不贫。**
> **贫则身常披缕褐，道则心藏无价珍。**

——玄觉《永嘉证道歌》

【助解】身要不贫了，道就贫了，譬如搞市场开发的住持。因为身贪是不贪的验证。道不贫则心藏无价珍。这无价珍是如来藏性。

见性是功，平等是德。……不离自性是功，应用无染是德。

——《坛经·疑问品》

【助解】见性对自己而言；平等对别人而言。无染则是：在行于外境的过程中不变质。所有的修行都须围绕着自性，才能得正知正见正受，应用无染是转境而不被境转，而且要经得起逆境顺境的考验，关键是保住"舍爱"（不苦不乐受）。

原经下文还有："心常轻人，吾我不断，即自无功，自性虚妄不实，即自无德。"

纯情无想，唯坠不升。故临命终时，即沉入阿鼻地狱。纯想即飞，必生天上。

——《楞严经》卷十六

【助解】《楞严经》，唐般刺密帝译。阐明心性本体，文义皆妙，属大乘秘密部。

情属阴，想属阳。有情世间生死相续不断，临命终时，气息已断，体温尚存之际，不能澄心观想，上有贪生怕死的俗情，便堕入阿鼻地狱。阿鼻地狱是受苦无间断的"无间地狱"。纯想是单单有想没有情，专一直诚地观悲胜妙境界，就会高飞，死后必生天上。经文下面接着讲，若九想一情，死后成飞行仙，八想二情的成大力鬼王，七想三情的成飞行夜叉，六想四情的成地行罗刹。

情想均等，不飞不堕，生于人间。想明斯聪，情幽斯钝。

——《楞严经》卷十六

【助解】人大约本是"情想均等"的动物。如果情想平均，就不会飞升也不会下坠，而生于人道。想体明达，倾于想方面者，便为聪颖之士；情体幽暗，倾于情方面者，便为痴笨之辈。

情多想少，流入横生，重为毛群，轻为羽族。

——《楞严经》卷十六

【助解】情多悲少从六情四想开始的入"畜生道"。情的比重最大的堕落为走兽、野兽（"毛群"），情的比重稍轻的则为飞禽（"羽族"）。

但知息心即休，更不用思前虑后。

——希运语录摘自《黄檗传心法要》

【助解】希运，唐代高僧，从怀海禅师得心印，后住黄檗山，受相国裴休尊崇，其禅风大盛于江南。裴休集其语录《黄檗山断际禅师传心法要》传世，门人有义玄等。

一个"但"字便有了不由分说的意味，像催人赶紧上车，更像终于发现了真理，发现了道路，你还在犹豫，催你速下决心："别思前虑后了。佛教认为达到不用思前虑后的自在境界靠的不是权力和财富，靠的是不思前虑后，还真是"息心即休"，息心才"休"。息心是让所有的贪嗔痴都下岗，息心是让所有认幻为真的算计分别执着都退休，息心是止、是定、是清净。

善用其心，则粗者渐妙；不善用其心，则妙者渐粗。妙者渐粗，粗将不妙，于不妙处，了不觉知，是身存而心死矣。

——《紫柏老人集》卷二十三

【助解】这段话分三层：用心得法与否是"粗"、"妙"相互转化的关键，前四句为第一层；中二句为一层：单说"妙"变"粗"便不再"妙"了这一路；最后一层是第二层的递进：入鲍鱼之肆，久而不闻其臭，不再意识到自己"不妙"，这便虽生犹死了。

"人之初，性本善"，童心是极妙的，渐长渐被闻见道理熏染变粗，中年之后不思进取，心安理得进入"于不妙处，了不觉知"的地步，于是便有了这么多乱七八糟地活，稀里糊涂地死。

要心器利，无如甘淡泊；要身器利，无如闲劳勤。

——《紫柏老人集》卷九

【助解】要想心灵健康、头脑强健，最好的办法是淡泊明志，恬淡如怡。

要想身体健康，莫过于把勤恳劳动当作悠闲自在。

这两句话是真理，是从事任何职业的人都当铭感的箴言。

偷心，情也；无偷心，性也。

——《紫柏老人集》卷九

【助解】紫柏老人还说："夫情，波也；心，流也；性，源也。"性更根本。他有时心、情对举："应物而无累者，谓之心；应物而有累者，谓之情。"有时又将性、情对举："无我而灵者，性也；有我而昧者，情也。性变为情。"搅到最后是："情亦性也，心亦性也，性亦心也，性亦清也，有三名而无三实。"

"偷心"是另外一回事，偷心就是欺心，就是不真诚、自欺。

人的自性是清净无为的，所以"无偷心，性也"。而"既壮周旋杂疵点"后便"偷心"了，这叫"情也"。这叫净变染。紫柏老人讲："学道先要莫偷心"。"大丈夫常要胸中无物，眼前无欲。""迷性而为情，则油水莫辨；即情而悟性，始知油水不可以同住。"

自性含万法，名为藏识。思量即转识。

———《坛经·付嘱品》

【助解】《坛经》中的自性有以下五义：其一，自性是清净性，如"自性常清净"屡屡言及。其二，自性是真如性，真如性就是真实如此的本性，如《坛经》第27节：自性"即自是真如性"。其三，自性是智慧性，第28节："本性自有般若之智"。之四，自性是空寂性，第48节："性本无生无灭、无去无来"。性是超时空、无生灭、无去来的绝对存在。其五，自性是含藏义。如本则语录所示。以上五义可以会并为自性是真如佛性说。具体到含藏一义，突出了如来藏的本体论地位，论含万法，能兴造一切主、客体世界。

"藏识"，意为含藏诸法种子。种子为"因"，现行为"果"，又经异熟果报之轮回。佛教认为此识为物质世界和自身的本源，亦是轮回果报的精神主体和由世间证得涅槃的依据。

人一动心起念（思量）即出离了藏识，转成意识。眼、耳、鼻、舌、身、意、末那等七识都称为"转识"。七转识以阿赖耶识为所依，缘色、声等境而转起，能改转苦、乐、舍等"三受"、转变善、恶、无记等"三性"，故称为"七转识"。《坛经》开篇即说"思量即不中用。见性之人，言下须见。若如此者，轮刀上阵亦得见之。"

若人识得心，大地无寸土。

——《紫柏老人集》卷九

【助解】因为土都是心识变现的。"识得心"是回归清净本性。大地无寸土是对空的最彻底的"说明"。

若善若恶，随心所转。

——智俨《华严一乘十玄门》

【助解】萨特说存在先于本质，如像是天大的发现，其实佛是在两千五百年前就说过善恶自择了。你本人必须对自己的一切负责任。你现在的状态是你选择的结果，是你本人"随心所转"的结果。华严宗讲："若顺转，即名涅槃。""若逆转，即是生死（轮回）。"这是华严宗"唯心回转善成门"的教义。

境缘无好丑，好丑起于心。

——《紫柏老人集》卷九

【助解】好与丑不在境，而在心，心之"七转识""识"出来的。是"万法唯心"的一个举例说明。

心外无别境，故言唯心。

——智俨《华严一乘十玄门》

【助解】智俨还说："三界虚妄，唯一心作。""心外更无别境，有无由心成。"这是华严宗、唯识宗等诸宗的通说。《涅槃经》云："净与不净，皆唯心故，离心更无别法故。"

心能作佛，心作众生，心作天堂，心作地狱。心异则千差竞起，心平则法界坦然；心凡则三毒萦缠，心圣则六通自在；心空则一道清净，心有则万境纵横。

——延寿《万善同归集》卷下

【助解】心异：心生分别。六通：六种神通，即天眼通、天耳通、他心通、宿命通、神足通、漏尽通等六种通力。一道：一实（真如）之道，即大乘。

《释论》云："三界无别法，唯是一心作。心能地狱，心能天堂，心能凡夫，心能圣贤。"奉诵《法华经》的宗门都突出地强调这一思想原则。学习、修证就是为了完成从"心异"到"心平"，从"心凡"到"心圣"，从"心有"到"心空"的精神更新。

物无自性我亦非有，转者为谁徒劳心手。

——《大慧普觉禅师语录》卷十一

【助解】"物无自性"句：既然万物没有自性，我相也就是因缘假合。

"转者为谁"句：就是如来来"转"我也只是徒劳而已，因为"我"是空的。

佛门最讲究是你"转"物，还是物"转"你。你"若能'转'物即同如来"，你若被物"转"就是众生。禅宗一派追求彻底——我本是个空，哪有什么转不转的事情！其实，这是方便说法，凸显性空，让人彻底回归清净心的一种善修辞。真正起作用的是规定物我的那个真如自性。

有念无觉，凡人境界；有念有觉，贤人境界；无念有觉，圣人境界。

——逍遥翁语录　摘自《金刚经集注》

【助解】凡人、贤人、圣人三个境界的划分借用了儒学人格观念。念，分别、拣择、控制；觉，直觉的反思、觉悟。念是与外境粘着的，觉则是超离了外缘影响的智慧观照。佛门行话："不怕觉迟。"有情众生时时都在起念，做功夫是在念头一起就转变它，或念阿弥陀佛，或观照尘染杂念皆是个空。

古人心利，才闻一言便乃绝学，所以唤作绝学无为闲道人也。今时人只欲多知多解，广求文义，唤作修行，不知多知多解，翻成雍塞，皆为毒药，尽向生灭中取，真如之中，都无此事。

——黄蘗禅师语录　摘自《金刚经集注》

【助解】正规的修行方法一般是宗为前锋，教为后劲。禅教外别传，直指本心，但能惮开悟后，犹须圆教、借教印心。宗为佛心，教为佛口，在佛是宗、教一如，教人"识心达本"宗旨一致。禅宗一"未反对"多知多解，认为读经"善为成雍塞"便成了边见、后来的狂禅成为瓦解佛法的毒药。噫！

若教有意千般尽，才觉无心万事休。

——《金刚经集注》

【助解】能让迷恋假有的意念都消失了，就会察觉原来一旦空寂（"无心"）下来便什么事都没有了。

灭断恋"有"之意，进入"无心"之境是禅宗的基本追求。俗人都活在"事"中，禅宗认为这叫迷失本性。俗人是直到死了才"万事休"，佛陀让人马上觉悟，活着就进入"万事休"的解脱境界。

凡夫即此岸，佛道即彼岸。一念恶即此岸，一念善即彼岸。六道如苦海，无舟不能渡，以般若六度为舟航。

——《金刚经·注》

【助解】一般的佛典都这样说：不着诸相，谓之彼岸。若着诸相，谓之此岸。六道：地狱、饿鬼、畜生、修罗、人间、天上等六种去处。六度：六种到彼岸的方法，即布施、持戒、忍辱、精进、禅定、智慧。

这种话佛经中"遍地"皆是。忽而彼岸此岸之间的距离很近，只在"一念"之间，忽而又极远阔，比地球上任何海面都辽阔。"六度"是针对凡人都常见的六种毛病,譬如凡人最不易舍财就让布施,凡人欲望无限就让他持戒,凡人好争气斗狠就让忍辱,凡人懒性深重就让他勇猛精进,凡人浮躁、愚昧就让他修禅定、证智慧。

> **顶天立地,鼻直眼横。颂曰:堂堂大道,赫赫分明。人人本具,个个圆成。只因差一念,现出万般形。**
>
> ——川禅师语录摘自《金刚经集注》。

【助解】颂:佛籍中经常运用的韵文体裁,用以复述、发挥论点。是"偈"的别名。

圆成:自然圆满。"顶天立地,鼻直眼横"是形容禅宗顿悟见性、十字打开的质朴真纯的状态。是无念为宗的修行方法。

> **行船尽在把梢人。颂曰:水中捉月,镜里寻头,刻舟求剑,骑牛觅牛,空华阳炎,梦幻浮沤。一笔勾断,要休要休,巴歌社酒村田乐,不风流处也风流。**
>
> ——川禅师语录摘自《金刚经集注》

【助解】把梢人：掌舵人。镜里寻头：从镜子中找头，喻舍本逐末。空华阳炎：阳光虽灿烂但转眼逝去。梦幻浮沤：各种梦想追求像水上的浮游物一样，无根无实，风吹浪灭。巴歌社酒：民俗小曲、村镇普通的酒。

自己当好自己这条船的"把梢人"，别去追逐那些"影子"似的东西，更不要自己做个圈套自己去钻，只要一派天然便好。

达者同游涅槃路。

——玄觉《永嘉证道歌》

【助解】涅槃：圆满清净，不生不灭。灭尽一切习气而不生，超脱轮回而不灭。"诚为大胜妙之所，非谓死也。"不生为涅，不灭叫槃。

佛教的理想是最后所有众生有情都走向辉煌的涅槃之路。而先知先觉者可以先上路，不管什么人，一旦通达佛理、证悟成道即走上了涅槃路。像黄泉路上无老少一样，涅槃路上也是"达者"来同游。

空色

终日有而常空，空不绝有；终日空而常有，有不
碍空。然不碍有之空，能融万象；不绝空之有，
能成一切。是故万象宛然，彼此无碍也。

——法藏《华严经义海百门》

【助解】绝：断灭。有：存在。空：此处偏指理体空寂明净，
当然也含有指事物虚幻不实之意。天天活在有相之中而保持空
寂明净，空净并不断灭有相。"终日空而常有"二句：天天保持空
寂明净的心态而存在着，有相并不妨碍空净状态。"然不碍有之
空"二句：不妨碍存在的"空"能兼容森罗万象（正因为空才有这
种兼容能力）。"不绝空之有"二句：不断送空的"有"能成就一切
"有"的形态。"是故万象宛然"二句：所以宇宙间万象安然有序，
彼此之间没有妨碍。

这叫"总圆成"。华严宗有个突出的特点就是从理（本则箴
言中的"空"）、事（本则箴言中的"有"）关系解释教义，把"圆
融无碍"作为最高境界。所以我们从这则箴言中看到的不是"空"

与"有"的对立而是融合。华严宗这种"圆解"让我们俗人觉得合情合理、亲切方便一些。

尘觉悟空无所有。

——法藏《华严经义海百门》

【助解】尘：尘相之略。从尘相中觉悟到空无所有。

法藏曾多次解说："尘相生起，迷心为有，观察即虚。""尘""是非有之有，如水月镜像。"从尘相中觉悟，就好像从梦中醒来，发现"名不可得，相不可得，一切都不可得。"这就叫"尘觉悟空无所有"。

不可执空害有，守一疑诸。

——延寿《万善同归集》卷中

【助解】不可片面地执着于"空"（"恶取空"）而损害、否定"有"。

守一疑诸：只相信一种说法（如"空"）而怀疑其余的。

《华严经》云："受一非余，魔所摄持。"所以"舍边趋中，还成邪见。"必须用中道圆融的境界面对"空""有"。延寿还曾说过："迷空方便，岂识真归？"

迷者迷有亦迷天，达者达无即达有。

——雍正《万善同归集序》

雍正皇帝曾表示"十年治国，十年兴教"，只是死得早未及见其如何兴教。

痴迷的人既迷恋假有诸相，又迷恋死后升天。通达的人明白了万法皆空的道理便知道该怎么活了。

迷、达是两种人生态度，也是两种人生境界，来自于对待这个"假有"世界的态度。微妙之处在于"迷"者什么都贪恋反而会一无所有；"达"者明智地生活反而不会失去什么——至少丢失不了自己的自性本心。

若住于空，即失有义，非慧也；
若住于有，即失空义，非智也。

——法藏《华严经义海百门》

【助解】法藏自己的定义是"观空之心，是慧"，慧是观理的法藏自己的定义是"达有之心，是智"，智是观事的。

延寿对于偏执一义有妙喻："如楚国愚人，认鸡作凤；犹春池小儿，执石为珠。"偏执则两伤，圆融则两利。有空不两失才叫智慧。——这是我们俗人追求两全其美的解释。法藏的本意是："今空不异有，有必全空，是为智慧。"而且"要由名相不存，方名智慧，若存名相，即非智慧。"

若一滴之水，与渤澥之润性无差；

若芥孔之空，等太虚之容纳非别。

——延寿《唯心诀》

【助解】一滴水与河海之水在性质上是一样的。

芥子孔那点空与太虚之空没有差别。

布莱克《天真的预兆》一诗的第一节与延寿的话可以参观：

一粒沙里一世界，

一朵花里一天国。

无限在你掌心收留，

永恒在须臾把握。

这种思路、思绪作诗叫"神秘主义"，论哲学问题叫"唯心主义"。佛门称此为"一际之法门，无方之大道（不必区别方向任你走的大道）。""信之者功超远劫，明之者只在刹那。"

色是幻色，必不碍空；空是真空，必不碍色。

若碍于色，即是断空；若碍于空，即是实色。

> ——法藏《修华严奥旨妄尽还源观》

【助解】色是因缘合成的假有，必定妨碍不了有自性的真空。

空既然是真正的空，也就不会妨碍"色"。

若妨碍了色就不是真空了。断空，半截子空。

若妨碍空，那色也就不是幻色假有，而是有自性实质的了。

"色"这一名词相当于物质的概念，有时特指一切能变坏、并且有质碍的事物。作为"五蕴"之一，称为"色蕴"，与"心法"相对，称为"色法"，泛指"五根"、"五境"以及"无表色"（精神现象）。作为"六境"、"十二处"、"十八界"之一的"色境"，简称为"色"，是专指"眼"所识别的对象，如"显色"（颜色、明暗）、"形色"（长短、高下）、"表色"（人体伸屈坐卧）。

法藏"走钢丝"走得绝对漂亮。得出色空互不碍的圆融观。后四句是反证法：若相碍了便不是真空、幻色。而佛教传统早已不证自明：色是幻色，空是真空。

观色即空，成大智而不住生死；观空即色，成大悲而不住涅槃。

> ——法藏《修华严奥旨妄尽还源观》

【助解】坚持一切色法虚幻不实，走解脱之路成就觉悟大智，不停留在生死轮回的流转中。

坚持"空"也就是色（空无实体、体现在色法之中），走济度众生之路成就救世慈悲，不自了于空寂解脱之道。

悲智双运唯有走"中道"。

扪空追响，劳汝心神。梦觉觉非，竟有何事！

——宣鉴语录摘自《景德传灯录》卷十五

【助解】抚摸空虚，追逐幻响，徒然劳累你的心神。

梦中醒来，方知虚妄，竟然什么事也没有。

从这个层面来理解"人生如梦"才庶几乎得其要领。

以有故有无，以无故有有。若无不应受，若有不应想。

——《楞伽阿跋多罗宝经》卷四

【助解】《楞伽阿跋多罗宝经》，简称《楞伽经》，法相宗所依"六经"之一，宣说世界万有由心所造，认识的对象不在外界而在内心。

有无相对待而存在，所以承认了一方便承认了另一方。受：五蕴之一。指外界影响于生理、情绪所产生的感受。想：五蕴之一，指直接反映的影相，以及据此形成的"名言"（概念）。此处当是"妄作分别想"的省略。

由于《楞伽经》强调认识的对象不在外界而在内心，所以无论认为是"有"是"无"，都不应该起"受"、"想"，言外之意是要"向内转"，守护自己的内心。佛门有"无想般若学"、"无想解脱"，"无想"是修习的最后归宿。"于一切法悉无所受"也是佛教的基本要求。

若见如来，知如来无如来。若见相好，知相好非相好。……见如来非如来，即见如来；见相非相，即见诸相。

——智顗《摩诃止观》卷一

【助解】如来："真如"的别名，又称为"如如"、"如"。因为佛教认为万物的本质都是"空"，都没有质的规定性，只能说它像什么（如）。"真如"也就是"如真"，早期译为"本无"，借用了道家现成的术语译成"真如"。"如来"，之所以成为佛的名号之一，就是因为佛是"真如"的化身、法身。这句话直译下来便是："若见真如，便知真如本空。"所以"知如来无如来。"

相好：指佛之丈六金身令人可爱乐。佛门有这样的说法：
"就丈六化身而言，相有三十二，好有八十。就报身而言，则有
八万四千乃至无量之相与好。""知相好非相好"的原因也是为
"相"和"好"都是"空"的。

"见如来非如来"二句：明白了"空"之真谛，就是见到"如
来"了。

"见相非相"二句：因为"相"只是"如相"、"假有"而已，
并非真相，诸相的本质都是"空"。明白这个道理，便见到"诸
相"的本质了。

智𫝊作的解释是："如来及相好皆如虚空，空中无佛，况复
相好？"解经人常说的"万物皆空，空亦空"就是讲这个道理。
《大乘顶王经》云："虚空是际相，其空无空相。"

不缚亦不解，不知于灭度。

诸法平等空，无有异体者。

——《添品妙法莲华经》卷三

【助解】没有被束缚也就不用解脱。

也不知晓什么寂灭和度脱。

万法皆空，一律平等。

无一例外，概莫能外。

禅宗一门有许多"参话头"的事例可粘来参阅：徒请师"为我解缚"，师反问："谁缚汝？"徒请师"为我安心"，师说："拿心来我给你安。"解脱、灭度等法门也必须无例外地"空"掉才算彻底。

> 一切诸器皆归败坏，无常存者，无所堪受，唯有虚空而可不毁，无所妨废，于诸器中最为高尊。
>
> ——《大哀经·如来道品》

【助解】虚空也是一种法器，而且因其不坏，故最为高贵。这当然只是比喻。

> 即为佛性，不以有情故有，不以无情故无。今独言有情者，意在劝人为器也。
>
> ——法藏《华严经义海百门·体用显露门》

【助解】佛性遍及有情（众生）、无情（动物以外的），而佛经之所以多对有情讲，是因为对人类寄予厚望，希望人类成为能够弘扬佛法的法器。

实际即是空，空即是实际。

——《摩诃般若·集散品》

【助解】因为实际是空（万法皆空），所以空也就是实际。佛门"实际"是实相真相、一际真如的意思。

空性则是道，道则是空性。

——《放光般若经·信本际品》

【助解】"道"，是译佛经时借用了道家词语，意译为"无上正等正觉"，简译为"正等觉"，是指佛才有的智慧或觉悟。就连它的实质（自性）也是"空"的。这是"空宗"的见解。

目见色即是意，意即是色，二者俱空。

——《老女人经》

【助解】《老女人经》，异译本名《老母女六英经》，一卷，属大乘般若一系的经。

"意"属于"无表色"，没有外在形体，但还是一种存在，所以也是个"空"，因为"意"是眼根（因）与外缘（色）合成的，只是"假有"而已。

如鸟飞空，终不住空。……

虽空而度，虽度而空。

——智𫖮《摩诃止观》卷五

【助解】智的本意是讲在度脱众生这个问题上要持"中道"，不能偏。偏于空观，同样是执着、着了空相。正确的姿态就像鸟儿"飞空，终不住空。"解脱如飞空，同时还要用"虽空而度，虽度而空"的态度来面对"飞空"这件事，才是解脱之道。这个比方意味深远。

集既即空，不应如彼渴鹿，驰逐日炎。

苦既即空，不应如彼痴猴，捉水中月。

——智𫖮《摩诃止观》卷一

【助解】"集"既然就是个空，便不该像口渴的鹿，不去找水，反而去追逐阳光。"集"：四谛之一，又名"习谛"，指造成世间人生及其苦痛的原因，这个原因便是贪嗔等烦恼和善恶等业缘。"渴鹿"：爱欲、渴望的喻词，佛籍中的惯用语。

"苦"既然就是个空，便不该像痴迷的猴子去下水捉月亮。苦：四谛之一，是对社会、人生以及自然环境所做的价值判断，佛教认为世俗世界的一切，本性都是"苦"。"痴猴"也是佛籍中惯用的比喻，喻指人徒劳地追求。"苦"就是痴迷之果报。

仔细看看人群之中"渴鹿"、"痴猴"正复不少。

夫色之性，色不自色，不自，虽色而空。知不自知，虽知而寂。

——支遁《即色游玄论》

【助解】支遁(314~366)，字道林，东晋僧人，世称"支公"或"林公"，自幼读经，尤精《般若道行品经》，作《即色游玄记》，主张"即色本空"，为般若学"六家七宗"之一。

"色"的本质就是它没有自性，是有来由的，所以虽有形相，其实质还是个空。

认知也不是自足的，也是从缘而有，所以虽有认知也"白搭"。

支道林的"即色本空"思想是追求圆融的，要求既承认色也要体认空，"不偏言无"。色即是空之说被僧肇批评为"此但解果色空，谓假因色成故，未领因色亦空"。指责他保存了一个"假有"，空得还不彻底。但这个"假有"让俗人、名士们乐于接受，所以影响大且远。

相、可相俱空。

——龙树《十二门论·观一异门品》

【助解】龙树亦译"龙猛"、"龙胜",约生活于3世纪,古印度大乘佛教中观学派创始人。使大乘般若性空学说风靡全印度,对中国佛教亦影响深远。著作甚多,有"千部论主"之称,主要有《中论》《十二门论》《大智度论》等。《十二门论》由观因缘门至观生门,论述"空"的义理。

相:眼可见者为"相"。可相:可以成为相的,指成为相的原因。

中观论相空有个分析步骤:相,即可相;相,异可相;可相分为相。证明相是由因缘和合而成的,所以其本质是"假有性空",不仅从果位上看空的,而且从"因色"也是空的。

以有空义故,一切法得成;若无空义者,一切则不成。

——龙树《中论·观四谛品》

【助解】《中论》,全称《中观论》,四卷,二十七品,据称有五百颂,实际四百四十六颂。主要讲"缘生性空"和"八不中道"之大乘中观学说。

"以有空义故"二句说，因为存在着"空"这个法则，一切事物和道理（"法"）才得以成立。

"若无空义者"二句说，如果不存在"空"这个法则，一切事、理则不成立。

"空"是佛教理论的原点，是佛教解释世界万物生成法则的起点。可与"无生有"之玄学理论参观。

一切因果，皆如梦幻。无三界可出，无菩提可求。人与非人，性相平等。

——道信语录摘自《祖堂集》卷三

【助解】道信（580~651），隋唐时僧人，禅宗四祖。先后在吉州、破头山传法三十余年，付法于弘忍，另有弟子法融，别立牛头禅。唐代宗赐道信谥号为"大医禅师"。

道信为了彻底破除各种偶象、假相，才这么"革命"：一切因果规律、因果报应都是假的。本来就没有欲界、色界、无色界，从而也没什么出世不出世的。无菩提可求：没有觉悟供你追求。人与万物在性空、相空这个根本点上是平等的。

禅宗是坚决彻底地"空"，他们不仅诃佛骂祖，而且在佛门教义中也大作翻案文章，除了不否"空"，连因果、菩提这些"学理"都反对人们去讲求。这只是一种言述策略。

大道无中，复谁先后？长空绝际，何用称量？
空既如斯，道复何说？

——宝积语录摘自《五灯会元》卷三

【助解】大道没有边际所以也就没有中心、没有个标准，所以能说谁在前谁在后？

天空没有边儿，何必丈量？又拿什么来丈量。

空既然就像这一样，觉悟、佛法又能怎样？又有什么意思呢？

这是中国人常用的归纳——演绎法，"大道无中"、"长空绝际"是用归纳确立一个前提，然后推论："道复何说"？这个结论与前提是距离很远的，但不妨碍论者"一把扭（演绎）过来"。

僧问："众色归空，空归何所？"师曰："舌头不
出口。"曰："为什么不出口？"师曰："内外一
如故。"

——利山语录摘自《五灯会元》卷三

【助解】舌不出口比喻空在众色中，因为"内外一如"，色空不二法。

获此如空智，永离诸取著。如空无种种，于世无所碍。成就空忍力，如空无有尽。境界如虚空，不作空分别。

——《华严经》卷四十五

【助解】如空智：以空为原点、终点的智慧本身也是空的。取著：执取贪着。如空无种种：空是无分别相，没有各种差别。于世无所碍：因为是个空，所以对世界没有磨擦、妨碍。空忍力：空诸一切从而能忍耐一切的心力。无有尽："空忍力"像空一样没有界限。"境界如虚空"二句：对境内心都虚空，不要徒劳地妄作区分。

"如"是佛教中的大字眼。因为万法皆空，人们看到的只是一个"如世界"——像世界一样的这么个东西，而这个世界的"究竟义"是个空，所以"如世界"也是个"如空世界"，认识到这一占、便是"如空智"了。有了"如空智"才能有"空忍力"，才能尽量少犯错误地活在这个"如世界"里。

色不异空，空不异色，色即是空，空即是色，受想行识，亦复如是。

——《心经》

【助解】色与空没有什么不同。"色"是五蕴之首。蕴是积聚、类别的意思。色蕴就是把有一切归为一类，起个名儿叫"色蕴"。受：五蕴之一，意指由眼、耳、鼻、舌、身、意等六触引生的相应的感受。想：五蕴之一，相当于感觉、知觉、表象、概念等。行：五蕴之一，指一切精神现象和物质现象的生起和变化活动。识：作为五蕴之一的识蕴，指小乘所讲"六识"和大乘所讲"八识"的"心王"（精神作用的主体）。

这段话的主题是"五蕴皆空"。五蕴是物质世界（色蕴）和精神世界（受想行识四蕴）的总和。般若一系的学说认为不但五蕴和合而成的"人"唯有假名、没有实质，而且五蕴本身（"法"）也是空的。

可空可色，故曰自在。

——紫柏《心经说》

【助解】可空，指能把世相看透；可色，认同面对的情况。自由自在的生活境界来源于这种全面灵活的对策。他还曾说："凡夫不了（不明白，糊涂），见色不见空；二乘（声闻、缘觉）偏执，见空而不见色。"

空有圆融，一无二故，缘起之法空有一际，无二相故也。

——杜顺《华严五教止观·华严三昧门》

【**助解**】"空有圆融"是说：空与有一体。"缘起之法"则讲：万物起始的规则也是空与有一体，没有另外的形态。

空是有的本质，有是空的表象。

有即空而不失有，故悲导智而不住空；

空即有而不失空，故智导悲而不滞有。

——杜顺《华严五教止观·事理圆融观》

【**助解**】有是空，但不否定有。用慈悲心统帅看透一切的智慧、不停留在空观中。

空就是有，但不能忘掉空。用看透一切的智慧统领慈悲心、不停留在有境中。

圆融是贯通、全面、圆满无偏失的意思。佛教体系不是线型的，而是圆型的。其方法论比儒学的"执两用中"更讲究"中"。事理不二、空有一体是华严宗的一大特点。

世出世诸法，皆无自性，亦无生性。但有空名，

名字亦空。尔只么认他闲名为实，大错了也。

——《镇州临济慧照禅师语录》

【助解】世出世：世间、出世间的习惯性略称。世间与"出世间"相对。

"世"有"迁流"、"破坏"义；"间"为"中"义，合指世俗世界，包括有生灭烦恼的有情众生和它们所存在的环境。有情众生为"有情世间"，也称"众生世间"；其生有环境（山河大地等）为"国土世间"，也称"器世间"。出世间：指超出三界、六道生死轮回的世界，相当于涅槃。

自性：实质、本质。生性：生起他物、别法的功能。

所谓"世出世诸法"是指世间生死之法（苦谛、集谛）、出世间涅槃之法（灭谛、道谛），临济宗认为这些都是只有空名而已，而且名字亦空。他们还反驳"佛是究竟"之传统教义："尔若道佛是究竟，缘什么八十年后向揭尸罗城双林树间侧卧而死去。佛今何在？明知与我生死不别（没差别）。"但这与尘世中人不信佛之放纵、沉溺于经验而截然不同，他是要你追求彻底的空。

四大原非有，五蕴本来空。

将头临白刃，一似斩春风。

——僧肇死前偈

极空之后反而极革命。李贽、谭嗣同等激进的思想家都借用过此偈语，电影《洪湖赤卫队》中的"砍头只当风吹帽"也与此句意相近。

世间虚空相，虚空亦无相。……
五阴无自性，是即世间性。

——《胜思维梵天所问经》卷二

【助解】世间相都是虚空的，虚空也没有形状。

五蕴没有自己固有的性质（都是"假有"），这便是世间的本质，当然也就是世间诸相的本质（五阴即五蕴的另一种写法）。

虚空无相，但虚空有性。佛教中有"性空"、"相空"的区别。五蕴无自性是"缘起性空"思想体系的理论基础。

分别推求诸法，有亦无，无亦无，有无亦无，非
有非无亦无，是名诸法实相，亦名如来、法性、
实际、涅槃。

——龙树《中论·观涅槃品》

【助解】推求：研究、分析。有无亦无：说有说无也是无。非有非无亦无：不承认有、不承认无也是无。是名诸法实相：这就是各种法门的实相。"实相"与真如、涅槃、性空、法性、无相、真性、实际、实性等概念的含义雷同。相对于世间"假相"而言,"真如"等才是真实的,故名。简言之,实相就是后人说的"真理"。如来即真如。

【通说】这是著名的中观学派之"实相涅槃"学说的典型言论。所谓"实相涅槃"就是实相即涅槃。其大意是:世间诸法之实相即是毕竟空,也就是无生无灭、涅槃寂静。所以世间与涅槃、涅槃与世间没有分别。这种说法便于让俗人发起就地成佛的信心。

空依有显,即世谛成真谛也;由有揽空成,即真谛成俗谛也。由非真非俗,是故能真能俗。

——法藏《华严经义海百门·体用显露门》

【助解】"空"依托着"有"显现,这就是俗谛变成真谛了。谛:真实不虚之理。中观学派所指的"俗谛"是世俗以为正确的道理,而"真谛"是指缘起性空的道理。

"由有揽空成"二句:(任何事情都是)"有"包含着"空",这样真谛就变成俗谛了。"由非真非俗"二句:正因为不真不俗,才能成真成俗。

"有"是承认世间实相,所以是"俗谛"。"空"强调一切法性空，便被佛教视为"真谛"、"胜义谛"、"第一义谛"。法藏这里强调的是不要坚持"边见"（极端），要看到空有相依互生的辩证关系，俗谛与真谛的关系也是如此。正确的是中道："非空非假，中道常明。"（延寿《万善同归集》卷上）

寂不隔用，俗不违真。有无齐观，一际平等。

——延寿《万善同归集》卷上

【助解】寂静不妨碍有所运作。俗不违真：在俗境中不背离真理。有无齐观：既要看到存在的现象，又要看到它本质上是空的，并不存在。一际：彼此二边没有分别。即俗话说的"一体"。无分别才真平等、就是平等了。

落实到人生态度上的中道就是这种全面、中肯、成熟的合理主义。

凡所有相，皆是虚妄。但有好境，取即成魔。

——延寿《万善同归集》卷上

【助解】佛教常爱说："到手成空"，有点像海明威小说的主题：成功者一无所获。这个"好境到手成魔"最典型的例子就是"婚姻是爱情的坟墓"。

或守真诠而生语见，服甘露而早终；

或敦圆理而起着心，饮醍醐而成毒。

——延寿《唯心诀》

【助解】真诠：显现真理的文句；正确的解释。语见：耽于语言而生起的邪见。服甘露而早终：喝了甘露反而死得早了。甘露：梵语阿密哩多，意译为"不死"、"天酒"，美味灵药，供养诸神的饮料，有青黄赤白四种。敦：促进。圆理：圆融中道。着心：贪心、执着心。醍醐：由牛乳制成的饮料，号称"味中第一"、"药中第一"。

【通说】把不好"度"这一关，好事变坏事。

众生迷故，谓妄可舍，谓真可入，乃至悟已，妄即是真，更无别真可入也。

——法藏《修华严奥旨妄尽还源观》

【助解】因为众生痴迷。以为可以舍去伪妄。以为可以进入实相真如中。等到真觉悟了。妄即是真。佛教所说的"入"，指的是"性相俱泯，体周法界，入无入相，名为入也。"指的是"一切众生无不在如来境界之中，更无可入也"那种"入"。就是说到达了

"空"的境界。"妄"无可舍，也是因为它不过是个"空"。

这说法有一种彻底性，贯彻到底还是有意味的，且看延寿《万善同归集》（卷中）中的一段话，会心极远的人能悟出点东西来：

开俗谛也，则劝臣以忠，劝子以孝，劝国以绍，劝家以和。弘善，示天堂之乐；惩非，显地狱之苦；……敷真谛也，则是非双泯，能所俱空，收万象为一真，会三乘归圆极。

妄想说俗谛，断则圣境界。

——《楞伽阿跋多罗宝经》

【助解】妄想纷纷、杂念横胸的人只能生活在俗谛境界中。制服妄想、断灭俗欲即生活在智者的境界中了。

脱俗谛之桎梏，真理因得发扬。就像拨开翳障，才现慧光一样。本经下文即用"翳"比喻妄想："譬如种种翳，妄想众色现。翳无色非色，缘起不觉然。"问题在于对于俗人来说，妄想与真智的界线怎样建立？标准是什么？这要修证，不在口说。

随想而世界成差，后则因智而憎爱不等，从此遗真失性，执相徇名。

——延寿《宗镜录序》

【助解】《宗镜录》：延寿综合法相宗、华严宗、天台宗三家的观点而以禅理为准编成的百卷大书。据《楞伽经》"举一心为宗，照万法如镜"的说法题书名为《宗镜录》。全书立论，重在顿悟、圆修。

沿着名相产生的意识将世界分别出许多差别。有小我一己之认知便产生了憎、爱等不同的态度。因此忘了真相迷失了本性。执相徇名：按着"相"（事物的形状）去找（徇）"名"（概念）。

"执相徇名"是反映论，佛教不持反映论，佛教持先验论。反映论是唯物主义体系，先验论是唯心主义体系。

因缘从对生，所有无所有。

——《佛说大方等顶五经》

【助解】万物有因，因果配对出现。有原因才有结果，这种"因缘观"揭示了万物没有"自性"的道理。因为没有自性，所有的只是假有，其本质是"空"，所以说"无所有"。

作为哲学性的箴言，这已是老生常谈，不该选了，但作为人生箴言还是有意味的，它提醒你："所有无所有"，不要太贪执了。当然若能进而"绝名相之端，无能所之迹"，便觉悟了。佛学虽有繁密的学理，但觉悟的路线还是从经验到超验。

缘会故有，是俗。推拆故无，是真。

——安澄《中论疏记》

【助解】龙树作《中论》，吉藏为之作注解成《中论疏》，安澄又为吉藏的"疏"再做解释，便是这个《中论疏记》。

缘会：亦称"缘起"、"缘生"，佛教重要术语，谓一切事物均处于因果联系中。这是描述"有"的。俗：指俗谛。承认"有"是俗谛。推拆(chài)：分析开来。全句的意思是：分析推究起来又是个"无"。真：指真谛。

中观学派超越了早期的"业感缘起说"（即十二因缘论），着重从感觉、概念及其对象的"假有性空"方面说明主观世界、客观世界得以发生的原因，认为推究分析"假有性空"的道理才是"真谛"。顺便说一句，佛教史上有一"缘会宗"，只顾论证"不有"，忽视了对"不无"的论证。

一切诸法，皆同幻化，同幻化故名为世谛。心神犹真不空，是第一义。若神复空，教何所施？谁修道？

——安澄《中论疏记》

【助解】幻化：梦幻不实。"同幻化"句：因为是假有所以叫它"俗谛"。心神：心佛。依心成佛，叫心佛；心中所观之佛，叫心佛；即心即佛，叫心佛。犹真不空：是真，不是"空"。第一义：又叫"胜义谛"，即"真谛"。

佛若是空的，便取消了彼岸，便没有了施教的权威，也便没有人来修证道果了。这种说法与道安弟子慧远所倡导的"神不灭论"遥相呼应。

真谛以明非有，俗谛以明非无。

——僧肇《不真空论》

【助解】僧肇（384～414），东晋僧人，鸠摩罗什高足，时人称他为"解空第一"。其《般若无知论》《不真空论》《物不迁论》《涅槃无名》总编为《肇论》，影响深远。

从真谛看，世俗的客观世界和主观世界都不能成立（"非有"）。明：证明、表明。从俗谛看，则可以成立（"非无"）。

真谛揭示了万物性空的本质，俗谛表述了万物之象形存在。真俗二谛"对立统一"：透过万物的象形，看到万物的性空，这就叫"不真空义"，也是《不真空论》的大意。

一心三观即是假，三观一心即是空，非三非一即是中。

——湛然《止观义例》卷下

【**助解**】湛然(711~782)唐代僧人，天台宗九祖，世称"荆溪大师"、"妙乐大师"。提出"无情有性说"，讲木石等无情之物亦有"佛性"，发展了天台宗教义。著作甚丰，主要有《法华玄义释签》《止观大意》《始终心要》《十不二门》。

一心三观是天台宗基本教义，谓一心中同时观"缘起法"空、假、中三谛。三观一心：即一心三观。"非三非一"句：既不讲究什么三观，也不讲究什么一心，便是"中谛"。

这是一心三观的俏皮说法：用假——空——中这个"一心三观"的三段式来说一心三观本身。所谓的一心三观，其论式为：事物因缘所生，故为假有（假谛）；虚假不实，故为真空（空谛）；空、假不可分离，非空非假，即为中道（中谛）。

破一切惑，莫盛乎空。建一切法，莫盛于假。究竟一切性，莫大乎中。

——梁肃《天台止观统例》

【**助解**】要破除痴惑，最适合大讲空观。要建立说法，就大讲假观。分析万物的最终性质,中观最有说服力。

这种实用的解释,说透佛学诸观点的配置关系。其上文云:"所谓空也者,通万法而为言者也。假也者,立万法而为言者也。中也者,妙万法而为言者也。""空"最便于成为沟通万法的思想基础、逻辑起点及最后的理论归宿。如果世界仅一个"空"字即可了结,则不必有那么多的经、律、论了,还得描述、分析现象界,"假"便成了"立万法而为言"不可缺少的前提。"妙"是折衷、辨证、使诸法灵活地配置起来。其下文则更显示万法唯心造的特征:"举中则无法无中(万法都是符合中道的),目假则无法非假(都是假的),举空则无法不空。"

圆
融

止乃伏结之初门，观是断惑之正要；止则爱养心识之善资，观则策发神解之妙术；止是禅定的胜因，观是智慧之由藉。若人成就定、慧二法，斯乃自利利人，法皆具足。

——智顗《童蒙止观》

【助解】止观，是佛教修习最基本又主要的方法。止观是定慧的别名，"止"是使所观察的对象住心于内，然后再明察那个心境便是"观"（智慧）。再譬如磨镜，磨掉镜体上的诸垢（断惑、伏结）是"止"，使镜体能显万象便是观。用佛门话语说：法性寂然是止，法性常照是观。"若人成就"三句：若能修证出定、慧的境界，就可以自利（小乘）利他（大乘）了，就具备了各种修证真如法性的条件。

菩萨本为度他，是以先修定慧。空闲静处，禅观

易成，少欲头陀，能入圣道。

——延寿《万善同归集》卷中

【助解】先修好了定慧才能去度脱他人。先静下来修证出真功夫再去行动，这也是学子的通则。少欲是止、定所要求的状态。头陀曾意译淘汰、修治等，意思是指拂去烦恼之尘垢而求佛道的人，即和尚。剃光头是去尘垢的象征。

勇猛乐闲居。

——《持心梵天所问经》卷三

【助解】勇猛精进者反而愿意闲居，"止无间杂即是精进"，这是释家心要，也与讲究"淡泊以明志、宁静而致远"的高人志士们那养气、养志的法门相通。

大雨能淹嚣尘，大定能静狂逸，止能破散，虚妄灭矣。

——智顗《摩诃止观》卷五

【助解】孟子以"求其放心"（找回乱跑的心）为治学修身之要。释家更视"散心"为"恶中之恶，如无钩醉鼻踏破华池，穴鼻骆驼翻倒负驮"（智语）。任何教义的死敌都是什么也不信的"散心"。智虽坚信"止能破散"，"如密室中灯，能破巨暗。"但他在《摩诃止观》卷五中同时又说："夫止观者，高尚者高尚，卑劣者卑劣。"像儒学的"慎独"一样是良心账。儒说："为仁由己"，佛说："皈佛由己。"

外离相即禅，内不乱即定，外禅内定，故名禅定。

——《坛经·禅定品》（一九）

【助解】慧能运用汉语讲话，他故意将"禅定"这个由"奢摩他"（梵音）意译而成的名词分开，从内外两个角度分解问题以便深入"内"与"外"是共生关系："外若着相，内心即乱，外若离相，内性不乱。"（与本箴言同在《坛经》第十九节）但是于外着相的主语也是"心"。慧能认为"本性自净自定，只缘触境，触即乱。"修习禅定就是要解决这个时刻都要发生的问题，内能"定"就有了"禅"。心对外部的境、相没有反应就"离相"了。

当相即空，相尽心澄而修止也。

——法藏《修华严奥旨妄尽还源观》

【助解】法藏要求面对"相"就生起"空观"。这样形象消失心情明净就是修习"止"法了。

触境不乱要靠"当相即空"的智慧。练成习惯、习惯成自然，就有了"空寂无求，名为绝欲"的功夫。

住心观静，是病非禅。

——《坛经·顿渐品》

【助解】慧能接着说："长坐拘身，于理何益？"呆坐、枯定、偏执"住心观静"，便又成了傻禅，犯了"因药成病"的错误。《童蒙止观·正修行》有言："虽得入定，而无观慧，是为痴定，不能断结。"

狂慧而徒自劳神，痴禅而但能守缚。

——延寿《唯心诀》

【助解】智慧太活跃了白伤神。呆定（痴禅）着则只是甘心被绑着而已。

"随方解缚"是学佛的正路，"狂慧"是过了头，"痴禅"则是不及。"过犹不及"，中道微妙得很。智顗在《摩诃止观》卷五中说："阴如定，阳如慧，慧定偏者，皆不见佛性，八番调和，贵在得意。"

> **定多慧少，不离无明；定少慧多，增长邪见。定**
> **慧等故，即名解脱。**
>
> ——慧海《大珠禅师语录》

【助解】可用"动与静"、"阳与阴"的关系来辅助理解"慧与定"（观与止）的和谐问题。定慧和谐、统一了，人便到达了无烦无恼的解脱境界。若失衡、走偏，便要么智慧未开（定多），还与"无明"为邻；要么逞强恃巧（慧多），多了歪心眼。

> **般若悟境无生，禅定知心无住。**
>
> ——延寿《万善同归集》卷下

【助解】智慧能看透外境的实质是不生不灭。无生：涅槃学理，意谓万物皆空、无生灭，所以叫"无生"。观无生之理以破生灭之烦恼。禅定则能证明。

心思念头无自性随缘而起灭，故云"无住"。

"无生"是佛门大道理，《肇论新疏》云："若闻无生者，便知一切诸法皆空寂，无生无灭。但与严土利他，不生喜乐而趣于空寂故，成声闻乘也。"然后"成缘觉乘"、"成菩萨乘"。

"无住"被视为万有之本。《维摩诘经·观众生品注》："法无自性,缘感而起,当其未起,莫知所寄,莫知所寄,故无所住。无所住故,则非有无,非有无而为有无之本。"

般若,即慧、观。禅定,即定、止。

佛慧大悲观,一切法如幻,远离心意识,有无不可得。佛慧大悲观,世间犹如梦,远离于断见,有无不可得。

——《入楞伽经》卷一

【助解】佛慧:智慧,与慈悲相对,成为"悲智二门",又叫"一双之德"。智则上求菩提,属于自利;悲则下化众生,属于利他。像人之左右手一样。

意识:以意根为所依,以法(包括一切物质和精神现象)为境的认识,指想象、推理、判断等心理作用和思维活动。

断见:五恶见之第二。有情识的人类只根据自己有限的阳寿来看世界,只能看到一生一世的东西,其余的便看不到了。这就叫断见。

悲智双运,远离世俗"意识"、凡人"断见",明白"有"和"无"都是"不可得",这便是"佛慧大悲观"了。

> 观身污秽，本为不净；……观身非我，众缘积
> 聚。
>
> ——《菩萨修行经》

【助解】观身不净叫"不净观"。"观身非我"这叫"因缘观"，我非我，是由许多别的因素积聚而成的，也只是个五蕴聚积点而已。

> 夫止观何为也？导万法之理而复于实际也。实
> 际者何也？性之本也。物之所以不能复者，昏与
> 动使之然也。照昏者谓之明，驻动者谓之静。明
> 与静，止观之体也。
>
> ——梁肃《天台止观统例》

【助解】不仅佛性要靠止观来追还，人性也靠反思来体味、修建。所以任何社会形态都少不了宗教、文学之类。

既要观又要止，貌似相反，实仍相成，成于"明"。观和止是为了复归清净心，更无"定力"可言。没有定力的人朝三暮四、朝秦暮楚，让人难受，自己也犯嘀咕，理不清自己的前后矛盾，失去了人性本体。

有慧无多闻，是不知实相，譬如大暗中，有目无
所见；多闻无智慧，亦不知实相，譬如大明中，
有灯而无照；多闻利智慧，是所说应受；无闻无
智慧，是名人身牛。今使闻慧兼修、止观双举。

——智顗《妙法莲华经玄义》卷一上

【助解】多闻：博学经文并能信受奉行。实相：万物性空的
真相。利：有助益。应受：感应信受。指佛所说的经文法理能"应
受"。人身牛：徒有人身却蠢如牛。闻慧兼修：同时修习学经文、
内省悟两种功夫。双举：并重。

无论学佛，还是学别的科目，都要求扎实的基础（多闻）与
灵透的悟性。"无闻无智慧"便昏浊得无法可想了。慧能在《坛
经·忏悔第五》中嘱咐徒弟："不可沉空守寂。即须广学多闻，识
自本心。"

我此法门，以定慧为本。大众勿迷，言定慧别，
定慧一体，不是二。定是慧体，慧是定用。即慧
之时定在慧，即定之时慧在定。

——《坛经·定慧品》

【助解】慧能讫我这一派以定慧为起脚功夫。定慧体一

165

不二：定慧是一回事，一体两面而已。"体用"相当新名词"结构——功能。"涉境不执着，不分别就是定，靠什么定得住呢？靠智慧观照。定是寂、慧是照，定是寂而常照，慧是照而常寂，意在心境俱空。慧能说我传的这个大乘顿悟法门是以定慧一体为本的，不是以定或以慧为本，而是定慧不二之不二法门。若偏定则易落入枯寂，偏慧往往落入颠狂（狂慧）。当发用慧观时，定在其中。入了禅定，慧在定止之中。到定慧平等，才是禅定。定是慧之体，慧是定之用，体生用、用显体，体用不二，所以叫"一体"。

一体不是二法门，是性德性智发用的顿教。后来延寿有过很好的补充："偏修定，纯阴烂物克正命。""偏修慧，纯阳枯物成迂滞。"（延寿《定慧相资歌》）

由非止观以成止观，由成止观以非止观，二而不二，不二而二，自在无碍。

——法藏《华严经义海百门·体用显露门》

【助解】"由非止观"句：用不是止观的方法来修证成止观。

"由成止观"句：用已成立的止观来超越止观。

"二而不二"二句：是两回事又不是两回事，不是两回事又是两回事。

自在无碍：既是什么又不是什么，自由变化，没有阻碍。

深度辩证都有绕口令色彩。佛门强调"无住心"（心不能停留在一个死地方），所以必须不断"非"下去。为加深印象，抄《无量义经·德行品》赞叹"大哉大悟大圣王"一段话：

其身非有亦非无，非因非缘非自他，

非方非圆非短长，非出非没非生灭，

非造非起非为作，非坐非卧非行住，

非动非转非闲静，非进非退非安危，

非是非非非得失，非彼非此非去来。

下面还有五个"非"，修炼的最后目标就是为了炼成这许多"非"。区区止观心法更不在话下了。

两见不生，交彻无碍而不碍；两相俱存互夺，圆融而不废。两非双泯，故契圆珠而自在；诸见忽拘，证性海而无骂。萧然物外，超情离念，迥出拟议，顿塞百非，语观双绝，故使妄心冰释，诸见云披，唯证相应，岂关言说。

——杜顺《华严五教止观·语观双绝门》

【**助解**】两见：两边见、极端的看法。不生：不发生。交彻：相互交通。"无碍"指"两见"能交通融汇。"不碍"指的是两见不生之中道通畅无阻。"两相俱存互夺"二句：两种形象都存在而互相消耗，统一起来就得以保留而成立了。两非双泯：两边不正确的都消失了。"故契圆珠"句：像圆珠一样自足自在。诸见忽拘：不拘泥任何偏见。

"证性海"句：体悟其如法性而不谤佛。性海：真如之理性深广如海，故名。拟议：臆测、推测性的议论。顿塞百非：立刻堵住了各种非难。语观双绝：同时不再说、不再想。"故使妄心冰释"二句：妄心像冰一样融化，各种妄见像云一样飘散。"唯证相应"二句：只有靠内心感应来证悟，与言说有何关系？

这种圆融的伟观，要用现成话来概括，便是：对立统一、静默无语。"萧然物外"之前讲"对立统一"，之后便是"静默无语"。

有向即乖。

——齐安语录摘自《景德传灯录》卷七。

【**助解**】有正就有反，向往即背离，肯定即否定，确定就是限定。本箴言提示我们：学东西不能死抠，不要妄作分别。怀让初见慧能来了一句"说似一物即不中"，让慧能心许。

分别名相不知休，入海算沙徒自困。

——玄觉《永嘉证道歌》

【助解】玄觉(665~713)唐朝僧人，字明道，俗姓戴，温州永嘉人，先学天台止观法，后往曹溪谒见慧能，一问一答即悟了顿教思想，世称"一宿觉"，他融合天台宗与禅宗，著作辑为《永嘉集》，其中《永嘉证道歌》用通俗文字传教，影响很大。

名相：可闻者为名，可视者为相。名相泛指各种现象。干分别名相这种傻事像数海中沙一样徒劳。

玄觉认为将心思用在"分别"上永远证不了道。所谓"分别"包括注解经书等具体工作，他自言，"吾早年来积学问，亦曾讨疏寻经论"，结果"却被如来苦诃责，数他珍宝有何益？从来蹭蹬觉虚行，多年枉作风尘客。"（均见《永嘉证道歌》）后来，他悟出了"以一总万"的法门，才结束了"入海算沙"之"枉作"。

问：初浅后深是渐观，初深后浅是何观相？答：是不定观。

——智顗《摩诃止观》卷一

【助解】渐观：渐修，与顿悟相对。不定观：天台宗三种观法之一，强调过去未来、正反转化、机动灵活、不一定。一有了"一定"，便呈"住"相，便有了"灭"的可能性。

于空有二门，不出不在。真俗二谛，非即非离。

动止何乖？圆融无隔。

——延寿《万善同归集》卷中

【助解】在"空""有"之间不走极端、不偏倚一方。对真谛、俗谛同样不远不近。动止何乖：（这样）行动或定止还会出差错？

圆融与分别相对。佛教认为分别是愚妄的，分别只看到了千差万别的具象，事事有差别，人在诸法有万差的世界毫无办法。要从具象、事实的本质上看，则都是由因缘构成，都有生住异灭，把许多道理统一起来（如对空有二门、真俗二谛），就能找到一致的理路，彼此之间不再阻隔难通，这种统一和谐的境界就叫圆融。

涉事见理，遇境如空。

——延寿《万善同归集》卷中

【助解】这是菩萨已具有的水平。凡人、小乘都该努力如此"圆融"。

若离事而推理，堕声闻之愚；若离理而行事，同凡夫之执。当知离理无事，全水是波；离事无

理，全波是水。

——延寿《万善同归集》卷上

【助解】声闻：原意为闻佛陀言教的觉悟者。后与缘觉、菩萨二乘相对，为三乘之一。指只能遵照佛的说教修行，并唯以达到自身解脱为目的出家人。声闻、缘觉都属于小乘。

离理而行事：不懂意义只管干活。全水是波：理和事的关系就像水与波浪一样。

声闻乘相当于今人说的"教条主义"，脱离实际，偏执于理念。貌似很理论化，其实却不沾边际，迂腐可笑。凡夫则不懂得现象中包含着本质，行动中包含着意义、价值，只像工具一样干活。理与事这对范畴，在不同的语境中有不同的涵义。有时相当于"本质和现象"，有时相当于"知和行"。"声闻"、"凡夫"是在知行关系上出了偏差。而说理事一体如"全水是波"时，则描述了它们那种现象与本质的共生共存性。

延寿论述事理关系的妙语还有许多，如："若离理有事，事成定性之愚；若离事有理，理成断灭之机。"

表遮圆融无碍，皆由缘起自在故。

——杜顺《华严五教止观·华严三昧门》

【助解】表遮：表诠、遮诠的省略。华严宗称之为"遮情"、"表德"。指语言的两种表达方式。表诠：从正面作肯定的表述，显示对象自身的属性。遮诠：从反面做否定的表述，排除对象不具有的属性。

圆融无碍：（肯定表述与否定表述）相辅相成，没有任何违碍隔阂。

缘起自在：（被表述的对象）在形成时就具有。

《禅源诸诠集都序》卷三云："如说盐，云'不淡'是遮，云'咸'是表。说水，云'不干'是遮，云'湿'是表"。不淡也好，咸也罢，都是盐自身的属性——"缘起自在"。

一中解无量，无量中解一，展转生非，实智者无所畏。

——杜顺《华严五教止观·华严三昧门》

【助解】实智：能证实相的智慧。（华严宗以实相为中道）相对适于一时机宜之"权智"而言，"实智"指究竟不变的智慧。实智者即是彻底的智者，所以无所畏惧。

华严宗有个妙譬："一珠中有一切珠，故一切珠中有一珠时。"

换成概念表述便是"于一法中解众多法，众多法中解了一法"。这是个哲学上"特殊与一般"的关系。杜顺又用"若无一，一切无"来论证"一切入一"。智俨则说得更明确："一即一切。"一与无量这种"彼此相入，同时顿现"的关系，则"随一圆融"。

一二无碍现前，方入不二门。

——法藏《华严经义海百门·实际敛迹门》

【助解】一二无碍：是说能不分别"心"与"尘"的关系。无碍：不二。因为"由心与尘，二即无三（假谛）；唯心无体，一亦无一（空谛）；由一无一，由二无二（中谛）"。所以"一二无碍"。现前：出现在面前。

不二：亦称"无二"、"离两边"，指对一切现象应"无分别"，或超越各种区别。

心尘不以二相见的秘密还在于"空"："尘性空寂，无相可得，即无二见。若见相，即为二见也。"湛然有《十不二门》专论，所谓十个不二门是：色心不二门，内外不二门，修性不二门，因果不二门，染净不二门，依正不二门，自他不二门，三业不二门，权实不二门，受润不二门。

因为佛法平等，所以百无差别。这叫做："会万有以为一空，差即无差。"

言有则理体寂然，言无则事用不废。

——延寿《唯心诀》

【助解】说"有"要想到法性空寂。说"无"要想到还存在着大千世界、一物有一物之用。

延寿用修辞上的对仗手法展现佛教怕走偏故意拈出来的对子：有对无，理对事，体对用，寂然对不废。

佛法深难解，诸法无所法。

——《佛说大方等顶王经》

【助解】因为佛法的系统性是动态的而非静止的。

随顺思维入正义，自然觉悟成菩提。

——《华严经》卷二十八

【助解】随顺思维与"自然觉悟"互文见义。都指的是不要故意强作解人。正义：正确的思路，正确的理解。

随顺思维与自然觉悟包括许多要点，如："心不分别一切业，亦不染着于业果。"要相信"诸法无生亦无灭，亦复无来无有去"。

诸有所知，皆为无知。

——《华手经·法门品》

【助解】《华手经》：亦称《佛说华手经》，十卷，三十五品、鸠摩罗什译。佛应华德藏法王之请问而开演大法，他方来的菩萨以"华"作佛事，故题曰"华手"（莲华合掌称为华手）。

因为人那点小才微善，那点小聪明还不够佛主发笑呢。本经"八圣道品"还有更极端的言论："一切思维皆是邪，乃至涅槃思维、佛思维皆是邪思维。"快走向诃佛骂祖的狂禅了。

一切所知无有智，一切所行无有行，一切所学无有学，一切所说无有说。深入慧者无法想，入于寂定无寂想。虽成觉道无觉想，度脱人民无人想。

——《方等般泥洹经·四童观生品》

【助解】《方等般泥洹经》：异译本有《梵般泥洹经》《大般泥洹经》《大般涅槃经》。涅槃初译为"泥洹"。

"深入慧者"句：道智深邃的人反而不想佛法规则了。

"入于寂定"句：入了禅定的人是不去想什么空寂定止的。

"虽成觉道"句：觉悟了的人不再想觉悟这码事。

"度脱人民"句：度脱人民时不关注我相人相。

这叫"无想般若"，其核心道理是："平等一心"、"无所分别"。"所知"、"所行"、"所学"、"所说"都是"分别"，相对真如实相，那点"分别"，首先有限得可怜，其次还虚妄难以成立，所以等于"无有"。信受了"无有（智、行、学、说）"、破除了"我法"，再进一步做到"无法想"、"无寂想"等，便破除了"法执"。与真如的圆融才是究竟圆融。

智慧及众生，自性不可得，若能如是知，是名为智者。

——《大乘顶王经》

【助解】"智慧及众生"二句：智慧本身（理）和有情生物一样，都不会知道自己的实质。

"若能如是知"二句：谁能明白这一点谁就是智者了。

所有的智者都知道自己不是智者。

一向专求无上菩提，即边而中，不余趣同。三谛圆修，不为无边所寂、有边所动，不动不寂直入

中道，是名圆行。

——智顗《摩诃止观》卷一

【助解】无上菩提：最高觉悟。即边而中：不分边和中。不余趣同：不保留地趋向同一法界。趣，趋。三谛圆修：融会贯通假谛、空谛、中谛。"不为"句：不因为"空"就寂静不动，也不因为"有"就躁动不安。无边：单相信"无"是一种"边见"（偏见）。有边：单相信"有"也是一种偏见。不动不寂：既不躁动也不寂灭。这叫"双非"、"不二"，所以最能切进中道。圆行：圆教（追求圆融的教派）的修行方法，以为一行就是一切行。

三谛圆融、中道圆行是佛教中精密的合理主义。

有二边行，诸为道者所不当学：一曰着欲乐下贱业，凡人所行；二曰自烦自苦，非贤圣法，无义相应。五比丘，舍此二边，有取中道，成明成智，成就于定而得自在，趣智趣觉，趣于涅槃。

——《中阿含经·罗摩经》

【助解】《中阿含经》：北传四阿含之一，东晋僧伽提婆译，六十卷，共收二百二十二部经，《罗摩经》就是其中一部。因每部经篇幅适中，所以叫《中阿含经》。与南传《中部》大体相应。

177

边行：错误的行为方式。着欲乐下贱业：贪着俗欲，爱好下贱的行当。非贤圣法：非议、否定圣经贤传。无义相应：没有理论根据，也无法感应佛门大义。定：禅定，即通常说的"禅"。趣：趋、趋向。

人们差不多都是这"二边行"道上的可怜虫。中道不仅应该舍此二边行，还应舍二边见。所谓正行又分五种：读诵正行、观察正行、礼拜正行、称名正行、赞叹供养正行。又叫正行弥陀法。

心得离二边，亦不执于中。

一切无执着，等同如虚空。

——《大方广宝箧经》卷下

【助解】执中也不行，不是不要"中"，而是不要"执"。一执着即违反"空"这佛门第一原理。

《大方广宝箧经》：二卷，刘宋朝求那跋陀罗译。佛先说法，后文殊与须菩提应答，舍利弗等赞述文殊之智慧辩才。

大圆镜智性清净，平等性智心无病。

——《坛经·机缘品》

【助解】大圆镜智：显教四智之一。大圆镜是比喻，喻指这种智体清净、离有漏杂染之法，像大镜子一样照映出众生善恶之业报、显现出万德之境界。镜子必须是清净的，所以说"大圆镜智性清净"。

镜子是解说佛性的最好比喻，因为它能体现诸相却又不是诸相。阿赖耶识转为大圆镜智时，这个时候是自性清净，就是常说的"自性清净心"，有高僧形容为："湛然空寂，圆明不动"，是佛法修心的纲要，末那识转为平等性智。但需要做功夫，譬如"打七"，打破末那识的分别执着。人我法、法我执是真正的心病，因为它有四大烦恼相随：我贪、我痴，我见、我慢，只有打破人我执、法我执，末那识就转成平等性智，就能与一切众生平等，以大慈悲心随顺一切众生。

众因缘生法，我说即是无，亦为是假名，亦是中道义。

——龙树《中论·观四谛品》

【助解】这著名的"三是偈"亦称"三谛偈"，被认为是中观学派关于"中观"的经典性概括。因为世间一切现象，均由各种因缘条件生成，无固有自性，所以"即是无"（空谛）。人们所触受的事物，都是施加给它的"假名"（假谛），对因缘所生法既承认其假名一面，又见到性空一面，就是"中道"（中谛）。

中观、中道是鸠摩罗什所传佛教的精髓。中道的基本精神在于似乎什么都可以否定或肯定，实际上又什么也不予以肯定或否定，如"垢法即是净法"、"净法即是垢法"等等。

欲界中无欲界，色界中无色界，无色界中无色界，以界示无界。

——《持世经》卷三

【助解】界线是相对的。界内、界外有差别，但同一界内就没有差别了。欲界、色界、无色界是相对于界外之菩萨净土而言的，欲界中便没欲界、非欲界的区别了。

一尘含容空有遍。

——法藏《修华严奥旨妄尽还源观》

【助解】法藏说："尘含十方，无亏大小。含包九世，延促同时。"属于一即一切，一切即一之法理，高深的说法便是《华严经》反复讲说的："一切法门无尽海，同会一法道场中。"一粒尘土包含了所有空、有的道理。

有为则二事，无为则无二，弃捐分别事，乃为修

道行。

——《持心梵天所问经》卷三

【助解】有为：有造作。佛教认为因缘所生之事物都是"有为"，都是有因有果的，所以说"有为则二事"。无为：本来就是那样，不是因缘所生，即无造作。所以也就"无。弃捐分别事：放弃分别、有为这条路。无为贴近了性空原理，所以为修道行的正路，而有为则趋向于多，与性空原则南辕北辙了。这是在兜着弯子说万法归空的道理。

法从分别生，还从分别灭。

——法藏《华严经义海百门·实际敛迹门》

【助解】这里所讲的"法"，不是"真如根本法"，而是后起的说法、不同门派的法门。它们起于对原始圆满的疏离，就像分类是一种认识手段一样，"分别"也是说法、认识得以产生的原因，这是"法从分别生"的道理。"还从分别灭"指的是所有有为法都不脱生、住、异、灭的法则，有生就有灭。"分别"正相当于"异"。"异"是"灭"的前奏。不但佛门学说是如此，任何成形的学说都盖莫能外。

一性圆通一切性，一法遍含一切法。

一月普现一切水，一切水月一月摄。

——玄觉《永嘉证道歌》

【助解】一性即一真之性，一法即一心之法。一真之真如性圆通尽虚空遍法界之法界性，所谓纵横幻流，在一性而融真。一心之性遍含无尽法，所谓举一门则诸门顿显，谈一品则诸品齐彰。这是佛门"一即多"、"多入一"原理。

月，比喻一心。一切水，比喻诸世间。一道澄江，一月孤影，乃至净水，秽水、清水、浊水皆现月一月。是说唯心能现于一切处，而终摄于一心。

这是对周遍含容观最漂亮的表述。比喻有时比三段论还能说明问题。当然靠比喻建立的体系必然是玄学体系。朱熹讲天理时就借用了玄觉这个比喻，他那个"月印百川，只是一月、"的著名比喻帮了他的大忙，使他的理学体系一下子变得圆满、可理解了。

应无所住而生其心

——《金刚经》

【助解】明代莲池大师解释说：应当无住而生心，不应当有住而生心。无住而生的心是清净心，所以这句话用肯定句式说便是："应生无所住心"。具体要求是"不应住色生心,不应住声香味触法生心"等等。

最后的目的地"无生"。只有无生才能还源自性。这叫做息心达本源。真觉悟。

《六祖坛经》里说慧能听五祖讲到这一句时"大悟一切万法不离自性"。慧能向五祖汇报自己悟后的见解:"何期自性本自清净,何期自性本不生灭,何期自性本无动摇,何期自性能生万法。"慧能在《金刚经注》里说:众生的心本无所住,因外境与根身相接触,于是随境生心动念,于是随境生心动念。而不知身触境是本来空,误以为世间诸法是实境,便于境界上住心,起分别、生执着,这如"猿猴提月,病眼见花"。如果悟明真性,心即无所住,就不起烦恼无明了。所以无所住心是真智慧。

觉

悟

心迷《法华》转，心悟转《法华》。

诵经久不明，与义作仇家。

无念念即正，有念念成邪。

有无俱不计，长御白牛车。

——《坛经·机缘品》

【助解】慧能在讲这段前，先讲了要开佛知见，莫开众生知见；"迷悟在人，损益由己。口诵心行，即是转经。口诵心不行，即是被经转。"

就是你口里念经，心里依照经的意思来行，才叫转经，否则就是被经转，执迷在文字之间，死在字里行间，"与义作仇尔"、"义"就是义理、佛法大意、根本道理。

"无念念即正，有念念成邪"是精义之所在。不造作、无成见是正心念经，于经义起分别、执着、妄想叫有念，这叫"念成邪"。念经真正的作用教我们修定，必须有、无都不计较，不去想它。诵久禅定成就了，智慧就现前。

就可以长期驾驭白牛车了。白牛车是菩萨乘的譬喻。《法华经·譬喻品》：声闻乘是羊车，缘觉乘是鹿车。"（白牛）肤色充洁，形体姝好，有大筋力，行步平正，其疾如风。"

"有无俱不计"就是复归到"妄分别"之前的原始圆满的"空"境界，这样才能走在大乘的正路上"长御白牛车"。"有念"即"有我"，还在"我执"的束缚中，"无念"才是破除"我执"的实际措施。禅宗强调"无念为宗"。

愚为小人，智为大人。

——《坛经·菩提品》

【助解】一切众生心性智慧无不平等。智愚的差别起于众生"迷"的浅深，显得愚痴，便是心量小的小人，能自破迷悟的人，心量大，便是智者、大人。慧能接着说："迷人若悟解心开，与大智人无别。"

诸佛妙理，非关文字。

——《坛经·机缘品》

【助解】范例就是六祖慧能本人，他不识字，但悟透了"本来无一物"，就成了禅宗的创始人。从理论上文字属于假名概念，是后起的，而且是一种作"分别"的事情。禅宗明确标榜"不立文字"。

前念着境即烦恼，后念离境即菩提。

——《坛经·般若品》

【助解】境：与内心相对称的"外境"。着：心理投入。离境：从内心摆脱外境的影响。前念执着尘境，即是烦恼起，后念离境一切不执着，即是菩提现前。

烦恼与菩提只是一念之差。差在着境还是离境上。与本箴言类似的话本经本品还有："前念迷即凡夫，后念悟即佛。""不悟即佛是众生，一念悟时，众生是佛，故知万法尽在自性。"悟不悟的问题是个开掘自性的问题——明心见性的问题。修行就是修悟性，修从迷到悟的转化力，有了这种转化力才能"烦恼即菩提"。

法师只知欲界无禅，不知禅界无欲。

——大义语录摘自《五灯会元》卷三

【助解】欲界：佛教所说的三界之一，为具有食欲、淫欲的众生所居。其他两界为色界、无色界。禅界：禅本属于色界之心地定法，静虑的意思；禅宗之禅专指涅槃之妙心，非色界所属之禅。所以此处之禅界指的是修证涅槃妙心的境界。

《大乘义章》（十三）介绍禅的别名："略有七种，一名为禅，二名为定，三名三昧，四名正受，五名三摩提，六名奢摩他，七名解脱，亦名背舍。禅者其中国之言，此翻名为思维修习，亦云功德丛林。"

无碍是道，觉妄是修。

——宗密语录摘自《五灯会元》卷二

【助解】无碍：通。通便是道。觉妄：认清伪妄就是修证智慧了。

把一切看空就觉得"无碍"了。"觉妄"则需要有一个真实不欺的标准在心里。

宗密（780~841）：唐代高僧，华严宗五祖。著《禅源诸诠集》，主张禅教一致。唐宣宗追谥其为"定慧禅师"。著有《华严经行愿品别行疏抄》等，凡二百余卷。

道源不远，性海未遥，但向己求，莫从他觅。

——慧思语录摘自《五灯会元》卷二

【**助解**】慧思（515～577），南北朝高僧，天台宗三祖。他既注重禅法践行，也注重义理推究，"昼谈义理，夜便坐禅"，"定慧双开"。著作多是由门徒记录其口授讲义整理而成。弟子甚多，智颚最有名。

道源：觉悟之道的根本点。性海：自性如大海，佛性深广如海。

所谓"不远"、"未遥"，因为就在每个人自身之内。因为佛教认为有情之物、无情之物皆有佛性。所以自己救自己——"但向己求"即可。"菩提只向心觅，何劳向外求玄"（《坛经·疑问品》）之类的话是禅宗的上堂诗了。

智慧性能了，明观一切有。

——《阿毗昙心论》卷二

【**助解**】《阿毗昙心论》：异译本有北朝北齐那连提耶舍译《阿毗昙心论经》六卷，南朝宋僧伽跋摩等译《杂阿毗昙心论》十一卷。由印度法胜从《大毗婆沙论》中选编重要篇章而成，东晋僧伽提婆和慧远共译，四卷。是说一切有部重要著作，对小乘佛教基本概念如有漏、无漏、色法、十八界、十二因缘、三十七道品等进行论释。

了：知晓。明观：看透。

那么智慧本身算"有"呢，还是算"空"呢？佛门中意见并不一致。

三界为长夜之宝，心识为大梦之主。

——吉藏《中观论疏》

【助解】吉藏(549~623)：隋、唐时高僧，三论宗创始人。被称"嘉祥大师"。受隋炀帝之请，住长安日严寺，完成"三论"注疏，创立三论学派。与著名论师僧粲反复辩论，终于取胜。主要著作有《中观论疏》《百论疏》《十二门论疏》《三论玄义》等。

这话虽选自吉藏的著作，却不是吉藏的观点。这是"识含宗"的纲领，把"群有"归结为"心识"所含。心识有梦有觉，梦时惑识流行，呈现出种种可见的现象，这就是俗谛。觉时惑识尽除，觉悟到这种种现象无非是梦中幻相，实际上都是空的，这就是真谛。如本箴言所说，处三界之中便是在梦中，唯有心识是人生大梦的主宰，就像真谛该主宰俗谛一样。

吉藏驳之：如此则心识有自性，是执心识为实有了。

道为智者设，辩为达者通，书为晓者传，事为见者明。

——《牟子》第二十六章

【助解】《牟子》是最早曲解佛教的著作，即《理惑论》。牟子：东汉末苍梧郡（今广西梧州）人，名不详。原是儒者，博读经传，也读神仙家书，后致意佛教，兼研《老子》。《牟子》一书广引《老子》和儒家经书，论证佛、道、儒观点一致。

觉悟之道是为智者准备的。

辩论也只有在明达的人中间进行才有建设性的收获。

书是写给合格的读者看的，也只在合格读者中间流播。

事物的本质只有明眼人能看清。

这几句话违背了佛法平等这个基本原则，却是大实话。当然智者未必是学者，达者绝非达官。牟子这样说是允许一部分高明人先觉悟到彼岸的意思。

信为能入，智为能度。

——灌顶《大般涅槃经玄义》卷上

【助解】灌顶（561～632），隋、唐时僧人。天台宗五祖。拜智顗为师，智顗所讲《法华玄义》《法华义句》《摩诃止观》等，都由他集录成书。他本人的主要著作有《大般涅槃玄义》《观心论疏》《天台八教大意》《国清百录》等。

任运拔苦，自然与乐，不同毒害，不同但空，不
同爱见，是名真正发心菩提义。

——智顗《摩诃止观》卷五

【助解】这是发悲心，只要有可能就拔除众生之苦。

这是发慈心，平等无差别（即自然）地与对象在一起愉悦相
处。

不认同痴惑之毒。

不认同偏执空。

不认同私爱邪见。

这才叫真正地发起了追求觉悟的决心。

若不致道慧，则亦无所知。

——《佛说大方等顶王经》

【助解】不要以"小知"为知，要达到悟了道的那种智慧境
界才能算个明白人。

常燃智炬，不昧心光。

——延寿《万善同归集》卷上

【助解】像要将心镜勤拂拭不使惹尘埃一样。这是渐修法。

又问："道从何求？"

答曰："道从一切爱欲中求。"

———《须真天子经·道类品》

【助解】因为人人皆有爱欲，若单强调道与爱欲的对立，则任何人都不可能成佛了。但道从爱欲中求不等于爱欲本身就是道，只是承认了从爱欲中可以修证佛道而已。这涉及竺法护一个著名观点："法身遍在"。"遍"就是包括所有的。这为后来"人人皆有佛性"的说法奠定了基础，直到有了这样的口号："汝即是道"。

道、法身、佛性都是同义语。《坛经》云："有情来下种，因地果还生。无情既无种，无性亦无生。"

佛法在世间，不离世间觉。

———《坛经·般若品》

【助解】这是六祖不二法门的妙用。"佛法"是指佛祖祖相传、心心相印的顿教之法（顿悟）。"世"有迁流的意思，"间"是容限，一般讲两种世间："有情世间"、"器世间"。佛法要求在自己日常生活中，时时刻刻提起观照功夫，功夫得力了，世间法与出世间法是一不是二，迷则在世间，觉悟了则在净土，迷悟在心，不在境界。觉悟了就能证得烦恼与菩提不二，生死与涅槃不二。

《六祖坛经》："佛者觉也，法者正也，僧者净也。"我们凡夫则是迷、邪、染。

我们在世间能够开佛知见、如理如法修行，找回清净心就觉悟了。

不入烦恼大海，则不能得一切智宝。

——《维摩诘所说经·佛道品》

【助解】烦恼即菩提，智慧不孤生不单立，它是从烦恼中"转变"出来的。

灵苗生有地，大悟不存师。

——师虔语录摘自《景德传灯录》卷十七

【助解】觉悟之心苗不是空穴来风，它是从"有"境中历练出来的。大彻大悟之后便超越了老师。

通达无所有，逮得自在力，是则名为慧。缚境界

为心，觉想生为智。

——《楞伽阿跋多罗宝经》卷三

【助解】彻悟之后就明白了万法皆空、本无所有，就拥有了事事无碍的自在力。

心：比起智慧，"心"是指原始的识量，还受着外部境界的左右。明心见性才是智慧，"觉想"是观照、是看得破、放得下的思维修。

【通说】卢梭说人生而自由却无往不在枷锁中。这个枷锁当包括心被境界束缚这一项。能"逮得自在力"就算有了自由了。

父母所生眼，即肉眼；彻见内外弥楼山，即天眼；洞见诸色，而无染着，即慧眼；见色无错谬，即法眼；虽未得无漏，而其眼根清净若此。一眼具诸眼用，即佛眼。

——智顗《妙法莲华经玄义》卷二上

【助解】弥楼山：即须弥山，佛教传说中的巨山。天眼：五眼之一，能看清地上及地狱以下所有的东西。慧眼：五眼之一，《思益经》三云："若有所见，不名慧眼。慧眼不见有为法，不见无为法。"慧眼是体现性空观念的"观法"，所以说它能"洞见诸色，而无染着。"法眼：五眼之一，能观达佛法根本。无漏：漏，烦恼的别名。贪瞋等烦恼日夜由眼耳等六根门漏泄流注而不止，所以叫漏。另外烦恼令人漏落到三恶道也叫漏。无漏就是离开了烦恼境界。眼根清净：肉眼变成了"无垢眼"。佛眼：五眼之一，佛是觉者，觉者之眼名佛眼，能照见明达诸法实相之眼。一眼具诸眼用：一只眼同时具有了肉眼、天眼、慧眼、法眼的功能。佛眼另一个定义就是"四眼至佛则总名为佛眼"。

有了佛眼，就具有了"无垢识"，就可以摆脱有漏，臻达无漏至境了。

欲拟化他人，自须有方便。

——《坛经·般若品》

【助解】与俗话说的"泥菩萨过海自身难保"正好倒过来，打铁先得自身硬。只有心情没有办法、能力的人当以此为训。

无物于物，故能齐于物；

无智于智，故能运于智。

——支道林《大小品对比要钞序》

【助解】不把物当于物，所以能把万物看成一样。

不处心积虑地动脑筋，所以能运用智慧。

世界上存在着"反而"这么一种吊诡关系。微妙得很，支道林认为"顿其至无，故能为用"。

无为常安。

——《普曜经》卷二

【助解】相类似的还有：知足常乐，能忍自安等等，已成为吾土吾民的流行信仰。佛教成为中国文化一种基调性的背景，除了一些民俗的内容就是这类人生哲学根深蒂固、深入人心。

无事是贵人。但莫造作，只是平常。

——《镇州临济慧照禅师语录》

【助解】因为人的本性是清净的，释迦是"能仁"、牟尼就是"清净"的意思。人起心动念就是妄念，依妄念行为就会造业作业。退到世间经验也是无事的状态清闲，尘劳纷扰是烦恼。防造作当常念六祖这两句话："喜舍名为势至，能净即释迦。"

心平何劳持戒，行直何用修禅。

——《坛经·疑问品》

【助解】这是六祖回答在家修行如果能"自性内照，三毒即除"，不异西方净土的偈语。六祖在前面讲："内心谦下是功，外行于礼是德。自性建立万法是功，心体离念是德。不离自性是功，应用染是德。"六祖意在让人时时处处明心见性。在家如此用功照样"心清净"、"自性西方"。在寺不修，"剃发出家于道何益"？

将外在律令变成内在要求本是深化的表现，但禅宗打破律令之后不可避免地出现了狂禅遍地的现象。不过，"心平"、"行直"对任何人来说都是个基本要求。

真性自用。

————《坛经·般若品》

【助解】"真性自用"与"自性内照"同义。六祖说："善知识，迷人口说，智者心行。又有迷人，空心静坐，自无所思，自称为大。比一非人，不可与语，为邪见故。善知识，心量广大，遍用法界，用即了了分明，应用便知一切。一切即一，一即一切，去来自由，心体无滞，即是般若。善知识，一切般若智，皆从自性而生，不从外入，莫错用意，名为真性自用。"

真性自用就是用自性生出的般若智来明心见性。

愿读者读君反复吟咏六祖的原话，"莫错用意"。

**离凡法更求真相，如避此空彼处求空。即凡法
是实法，不须舍凡向圣。**

——智𫖮《摩诃止观》卷一

【助解】凡圣之间唯在心悟。智𫖮认为，舍凡向圣如同"避
此空彼处求空"。反正实法就是个空，所以无须舍凡向圣。因为圣
在凡中，如同净在染中，不是必修行的意思，而是在凡法中真性自
用，转烦恼得菩提、妄尽还源的意思。

汝但无事于心，无心于事，则虚而灵，空而妙。

——宣鉴语录摘自《景德传灯录》卷十四

【助解】打太极拳、练气功都要求放松、无心，然后才能更
新内在的循环系统。"无事于心"是心不被境转，"无心于事"是
不要着相、不要贪求。"虚而灵，空而妙"的这个"而"字是秘密
之所在。"而"是涵三而一，不落两边。虚而不灵便是死虚，空而
不妙是个呆空。灵就是有效，妙就是正好。这个"无心"要求的是
无念无住，不是饱食终日无所无心、没心没肺的粗心大意。人莫
错会了意。

莲花生长于泥中，不为污泥所染。

——《方广大庄严经》卷四

【助解】《方广大庄严经》又名《神通游戏经》，看来"大庄严"与"游戏"也有个二而一的通道。游戏大概是"出"污泥的法门，"不染"便是"庄严"。神通便是这通道。

此经是大唐武后时期译过来的，周敦颐之《爱莲说》即使不是直接照抄，也肯定受其影响。

理即事，故名随缘；事即理，故名妙用。

——法藏《修华严奥旨妄尽还源观》

【助解】理与事的关系可以从意义与实践角度做一侧面了解。意义不能凌空而立，它必须通过实践活动体现出来，这叫理随了事之缘。任何实践活动都体现着意义，都是义理的展开、落实，事体现着理，所以是理的"妙用"。这是事理圆融观的无差别教义。

以大悲故，名曰随缘；以大智故，名为妙用。

——法藏《修华严奥旨妄尽还源观》

【助解】大悲心拔除众苦，随缘设法。大智心度脱苦厄，随机方便，妙用宛然。

真不违俗，故随缘；俗不违真，故妙用。

——法藏《修华严奥旨妄尽还源观》

【助解】这句话若这样理解便可以成为通用格言了：保持着性本真又不与现实冲突，就是随缘。与现实和谐相处又不丢失自己的真性情，就是妙用。通常说的能雅能俗才是大雅，也是这个意思。

法藏还说过："依本起末，故随缘；摄末归本，故妙用。"依本起末是真不违俗的妙解，摄末归本是俗不违真的正诠。

随缘不变的是佛，不变随缘的是二乘人，随缘随变的是凡夫。

妙处是实处。

——《大乘顶王经》

【助解】得实相真理方为妙。

权实双游，悲智齐运，拯世若幻，度生同空。涉

有而不乖无，履真而不碍俗。

——延寿《唯心诀》

【助解】权：方便，随机应变。实：真，即空。双游：同时秉有这两种思路。"拯世若幻"二句："若幻"、"同空"二句语义重复，都是要求不能停留有所住。涉有而不乖无：与道家"处有如无"的态度一致。履真而不碍俗：实践真谛而不排拒俗谛。

千言万语一句话：进取超越——既进取又超越。

和光而不群，同尘而不染，
超出而不离，冥合而无归。

——延寿《唯心诀》

【助解】和光同尘是常用成语，这里巧妙地拆开表达相反的意思。不群：不混同于别人。不染：不受心外之物、别人的污染。超出而不离：超出俗世又不离俗世。

延寿用儒教语文传统的语言来表达佛门义理，便不可避免地有了儒学色彩，正好这几句话也与孔子之"和而不同"的人格理想相吻合。孔子说了许多类似的话，如朋而不党等等。

慧度菩萨母，善方便为父。

世间真导师，无不由此生。

妙法药为妻，大慈悲为女，

真实谛法男，思空胜义舍。

——《说无垢称经》卷四

【助解】《说无垢称经》：六卷，玄奘所译的《维摩经》是此径的异译本。

把度脱众生的菩萨视为母亲。慧度，六度之一，是菩萨行的主要内容，用智慧到达彼岸的意思。以善行方便为父。"世间真导师"二句：有了这种动感情的虔信才能找到真正的导师。把"妙法药"当成终身伴侣。像爱重女儿一样保护慈悲心。把真谛实法（性空）当成儿子。以空观为房子。胜义，胜义谛，即真谛。

原经下文还有："觉分成亲友"、"六度为眷属，四摄为妓女"等人情、宗法关系的譬喻，可能是翻译时做了大幅度的意译。

果具五眼圆明，方能游戏神通。

——延寿《万善同归集》卷中

【助解】五眼：一肉眼，肉身所有之眼；二天眼，色界天人所有之眼，人中修禅定可得之，不问远近内外昼夜，皆能得见；三慧眼，谓二乘（声闻乘、缘觉乘）之人能照见真空无相；四法眼，谓菩萨为度化众生能照见一切法门；五佛眼，佛陀身中具备前四眼者。《智度论》云：慧眼为空谛一切智，法眼为假谛道种智，佛眼为中谛一切种智。

一切智、道种智、一切种智又叫"三智"。

要想看透一切，必须"五眼圆明"。看得透未必能"游戏神通"起来，看不透则绝无可能。只有"五眼圆明"才能"凡有见闻，皆能获益"。否则极容易堕入邪见丛中。

有慧方便解，无慧方便缚。

——法藏《华严经义海百门·对治获益》

【助解】方便本是解脱束缚的，然而若没有正智佛慧的方便也会成为恶趣，如开小差、走后门什么的。不含智慧的"方便"还有懒省事、无原则的苟且等等，更会被尘网羁络。

随缘妙用无方德

——法藏《修华严奥旨妄尽还源观》

【助解】且随缘且妙用地去广施无边功德。无方，无边，不可限量。德，性德福德功德。出自自性的性德才能有随缘妙用的智慧。具有这种智慧是自己的福德。

法藏有句名言："通局无碍"。

法藏自解："尘之小相，是局；即相无体，是通。"佛教认为飞尘虽小，却包摄了广大佛刹，但它本身又是只有"相"而无自性（体）的。把握好其中既包括着什么的"有"又本是个"空"的本质，就能契悟"通局无碍"的道理了。

三乘教纲，只是应机之药。

———黄檗禅师《传心法要》

【助解】其言外之意是说教义不是普遍真理。不要陷入法执，不能"因药生病。"

一门即具，何用余门也？答：若无余门，一门即不成故。

———智俨《华严一乘十玄门》

【助解】一门深入是方便，要佛知见具足，神具足，就还得通余门，一多无碍才是心通门门通。

我以神通足，自在乘空去。

周行大地尽，烦恼刺无伤。

——《根本说一切有部毗奈耶》卷第十八

【助解】《根本说一切有部毗奈耶》五十卷，唐朝义净译。萨婆多部比丘之根本大律藏。

这个"我"是如来佛。这个状态叫"神通自在"。神通具足就从三界六道中彻底解脱出来了。

方便是菩萨净土。

——《维摩诘所说经·佛国品》

【助解】本经用排比句式列了十多项菩萨净土，如"直心是菩萨净土"、深心、菩提心、布施、忍辱、持戒、精进都是菩萨净土。这里单选择"方便"是因为它日用性强而显得更重要些。予人方便是发悲心拔众苦，予自己方便是发智心出离烦恼，能这样做，就是菩萨行，就到了净土了。

方便的根须要菩提上。李石岑《佛教人生》说：最紧要的一件事，是在发菩提心，求无上菩提（觉）之心，并还不退这种发心，以这发心不退为据，则事事皆为菩提行，不必改现在社会的组织，不必削除须发，而无害其行菩提之行。

解
脱

四大萎枯曰老，命尽神迁曰死。

——《阴持入经注》

【助解】四大：地水风火。佛教认为万物皆因四大构成。地大，性坚，支持万物；水大，性湿，收摄万物；火大，性煖，调熟万物；风大，性动，生长万物。萎枯：此处指人身上"四大"因素之功能的衰退，不是指四大本身。

释迦牟尼发现在人间即使极富贵也抵抗不了生老病死的自然法则，他才修行悟道，寻找跳出轮回的解脱大法。

生死犹昼夜，愚者以生而感死，颇以为苦。

——《人本生欲经注》

【助解】因为轮回流转不息，所以生死不过是像白天黑夜这样交替而已。所以人在活着时感受死亡的痛苦，是愚蠢的。佛教认为这是"痴惑"，还会生苦。佛论的意思是趁你活着赶紧修行，获得超越轮回的觉悟。

西哲爱尔维修的名言则是一派唯物主义的态度：死亡对于我们是不存在的，我们活着时不知道什么是死，若死了，我们也就不存在了。

无明缘行，行缘识，识缘名色，名色缘六处，六处缘触，触缘受，受缘爱，爱缘取，取缘有，有缘生，生缘老死。

——《俱舍论·分别世品第三》

【助解】《俱舍论》：世亲造，全称《阿毗达磨俱舍论》，俱舍宗的经典，把世界一切主观现象按五蕴、十二处、十八界三科分类用五位七十五法总括之；尤以主张"我空"、"法有"著称。

缘：此外可理解成"派生"。缘是助因。名色："名"与"色"连用一般作为概括一切精神现象和物质现象的总称。就"五蕴法"而言，"色蕴"主要指"身"，"受、想、行、识"四蕴属于"心法"，亦称为"名"。六处：十二处之内六处指眼、耳、鼻、舌、身、意之六根，外六处指色、声、香、味、触、法之六境。根境为生识之依据，故曰处，旧译"六入"。触：泛指身与物、心与境的直接接触，相当于触觉，亦分为眼、耳、鼻、身、意等六触。作为外六处之触，又被称做"所触"。

　　这就是佛教的因缘法。据此也可以明白佛教为什么以断伏无明（痴惑）为第一步和最重要的工作了。断伏了无明就铲除了这个因果链的动力因，就可以从生死轮回中解脱出来了。《中阿含经·多界经》说得相当晓畅："因此有彼，无此无彼，此生彼生，此灭彼灭。谓缘无明有行，乃至缘生有老死；若无明灭则行灭，乃至生灭则老死灭。"

> **人生从何处来？去至何所？……皆无所从来，**
> **去亦无所至。缘合则有，缘离则灭。**
>
> ——《超日明三昧经》卷下

　　【助解】所以说人生如梦如幻如泡。来因为"缘合"，去因为"缘离"。没有究竟依托处，没有自性实体。

> **色泡、受沫、想炎、行城、识幻，所有依报国土**
> **田宅妻子财产，一念丧失，倏有忽灭，三界无**
> **常，一篋偏苦。**
>
> ——智顗《摩诃止观》卷一

　　【助解】色、受、想、行、识是五蕴，泡、沫、炎（阳炎、阳光）、城（幻化的地方）、幻都是指有相无体，是对其"空性"的形容。最简单地说就是"五蕴皆空"。依报：心身所依托的地方，如国土、田宅、财产、衣食等。相对"正报"而言。正报是指心身之内在的由来依据。依报则是指心身之外的诸物对心身的支撑。三界无常：三界中的诸法相没有常住不坏的。一箧：一身。佛籍中"一箧（筐）四蛇"之譬喻，四蛇指地水火风，说一身乃四大和合而成。偏苦：遍苦，都是苦。

佛教认为人类是假相世界中的可怜虫。

苦集是所破，道灭是能破，能破从所破得名，俱是因缘生法。

——智𫖮《摩诃止观》卷一

【助解】苦谛、集谛所包摄的内容是被破除的。道谛、灭谛所包摄的道理是用来破除的。

能破因所破而得名，像法律因犯罪而得名一样。双方是一种互相依托的关系。这就叫因缘。苦集道灭四谛本是解释、解决因缘问题的，但它们也在因缘法则之中。

六入未能别苦乐，名为触生。别苦乐，名受生。于尘起染名爱生。四方驰求为取生。造身口意为有生。应受未来五阴名生生。未来阴变名老

生。未来阴坏为死生。心中内热名忧生。发声
大唤名悲生。身心焦悴名苦恼生。

——智顗《妙法莲华经文句》卷一

【助解】生：指事物的产生和形成，四有为相之一。触生：生
出触觉。也可理解成触觉生成的境界。"别苦乐"二句：能区别苦
和乐，有了感受叫"受生"。"于尘起染"句：对身外物相起了贪恋
（"染"）便生出爱意来。"四方驰求"句：到处奔走去攫取叫"取
生"。取：贪取执着所面对的境界。是"爱"的异名，"烦恼"的总
名。"造身口意"句：身口意的造作就生出"有"相。五阴：五蕴。
生生：生出流转轮回的业因。阴变：暗中变化。老生：生出老态。
死生：生出死相。

人生就是这众多"生"的集合。

因缘生世间，……因缘即世间。

——《入楞伽经》卷五

【助解】因缘生出这个世界，这个世界是由因缘法生成的，
所以因缘就是这个世界的实质、这个世界本身。——能认识到
这一点就找到了解脱的门径：因为它是因缘合和而成的，所以只
是"假有"。而且"五阴中无我，我中无五阴"（《入楞伽经》卷

五），何必当五蕴（阴）之假相的牺牲品。

从爱生诸（蕴），有皆如幻梦。

【助解】五蕴中本来无"我"，我因爱生而参与到了五蕴之中，是在假的前提上人为造作，必然是不坚不实的，所以皆如幻梦。

生灭不灭，如水中月。不可揽触，妙在甄别。

——《大慧普觉禅师语录》卷十一

【助解】"水中月"跟"镜中相"一样，说它是无，却分明有相，说它是有，又非真相。所以，最正确的态度是：只看别摸。

过去劫入未来，现在劫入过去；现在劫入过去，来来劫入现在。

——智俨《华严一乘十玄门》

【助解】劫：又称"大时"，极长的不能算的远大时节。这里名词用如动词，有"掺和"的意思。

这叫"三世为一念"。过去、现在、未来这三世分别交叉,如"过去说过去,过去说未来,过去说现在。现在说现在……"得九世,再加起念之时,合为十世。这可以视作佛教的时间观。它是圆的,不是个直线型的矢量。这种时间观是轮回说的哲学基础,从而也是从轮回中解脱出来的哲学基础,如"三际托空":过去心不可得,现在心不可得,未来心不可得。

五指为拳不失指。

——智俨《华严一乘十玄门》

【助解】又叫"一拳五指",揭示两种相之间"相入"又不失本相的关系。现在与过去、未来的关系就是这种"相入"关系。

佛于自法中,通达无碍智。
是故能过度,生老病死苦。

——《十诵律》卷十六

【助解】《十诵律》:佛教戒律书,说一切有部的根本戒律,六十一卷,因将戒律分为"十颂"(十项)叙述,故名。

佛具有把握自性的"通达无碍"的智慧。所以能从生老病死苦的轮回流转中度脱出来。

解脱来源于觉悟。

阿Q是愚昧的，精神胜利法可以是无碍智。

寿尽时欢喜，犹如舍毒器。

      ——《根本说一切有部毗奈耶》卷第六

【助解】人的躯壳是个盛放痴毒怨苦的器皿，抛弃掉毒器是大解脱。本经还有类似的句子："寿尽时欢喜，犹如舍众病"。"死时无恐惧，犹如出火宅。"

树若欲倒时，枝叶不相济。

死时亦如是，受用不能救。

      ——《根本说一切有部毗奈耶出家事》卷一

【通说】其实许多人也知道受用不能拯救死亡。只是想在死亡前抓紧受用而已。佛教认为那就永远出离不了生死轮回了，拯救的办法只有修证佛道。

《根本说一切有部毗奈耶出家事》：一卷，唐朝义净译，专讲出家受戒的著作。

所说之境界，自体无境界。

凡夫虚妄取，称言有境界。

——《大乘顶王经》

【助解】佛籍所说的境界是指心游履攀缘之处，又叫"境界相"、"现相"。就本质而言是有相无体的，是凡夫妄作区别假设出来的。本经下文有："以其说境界，应知无境界。"只是一种假名而已。

凡夫迷倒，不悟此身四大假合，执以为实，故闻生则喜，闻死则悲。殊不知此身以四大观之，本不可得，唤谁生死？身既乃尔，此心亦然。

——紫柏《心经说》

【助解】以四大观之：用四大构成法来分析。乃尔：这样。

紫柏运用反推法：你能说"四大"生死吗？身之不存，心将焉附？他接着说："是心亦不可得，唤谁烦恼？人不悟此，闻誉则欢然为顺，闻毁则戚然不悦，此乃恣情纵识。"恣情纵识是"迷倒"的一种表现形态。

有智慧者照破烦恼，不溺情波，生死超然，妙

契本有，所谓登彼岸也。

——紫柏《心经说》

【助解】登彼岸不是指肉身死了灵魂到极乐世界，而是说心悟超脱即登彼岸了。禅宗这个办法方便、太方便了。

诸法实相，即是涅槃。

——《思益梵天所问经·解诸法品》

【助解】这是佛教中很有势力的实相涅槃论。实相论即真理论，是任何一种思想体系都必须解决的重点问题。佛教以涅槃为最高真理形式，并不是机械地追求无烦恼的寂灭状态，而是要能动地改变生存状态，寻找生命的意义、建立生命的深度模式。涅槃的实际含义是追求新生。

此身苦所集，一切皆不净。……
诸欲皆无常，故我不贪着。

——《大般涅槃经》卷二

【助解】这个"身"只是个苦的集装箱，所以，涅槃才是解脱，"离欲寂灭"是出苦的唯一办法。这需要认识其中的本质——

"一切皆不净。……诸欲皆无常。""故我不贪着"的这个"我"是佛，别的佛经上则这样的说法：一不贪着即成佛了。所以"我们"要想出离苦海，必须做到"不贪着"。

梦不在世间，不在非世间，
此二不分别，得入于忍地。

——《华严经》卷四十四

【通说】这叫"无梦忍"，是解脱法门之一。问题的关键还是认清本质：人生如梦，而梦既不在世间，也不在出世间，它的确存在却又虚幻不实。不执着地去"分别"它，便能进入"忍地"了。忍的目的是解脱：

梦体无生灭，亦无有方所。
三界悉如是，见者心解脱。

迷时师度，悟了自度。度名虽一，用处不同。……
只合自性自度。

——《坛经·行由品》

【助解】这是五祖送六祖逃出黄梅、在九江驿边说，六祖对五祖说的话，弘忍要把本鲁摇桨送慧能，慧能说："迷时要靠师父度，悟了以后要自度。"既是现实场景的应答，便是永远有效的修行法则。"自性自度"是禅宗更为根本的原则。因为如果佛能度众生，过去诸佛数目超过恒河沙，一切众生早就度尽。诸佛只能启发我的见性自度，帮我的明辨方向途径。路还要我们自己走。

唯论见性，不论禅定解脱。

——《坛经·般若品》

【助解】《禅宗血脉论》说："若欲见佛须是见性。"若不见性，纵是念性诵经、持斋持戒，只不过是修世间有漏福报，于成佛无益。六祖的法门是顿悟自心，就是见性，就是禅定，没有见性之外的禅定。

解脱是解除迷惑造业的束缚，脱离三界六道的苦果。自性无染着、无束缚，"本来无一物"意在于此。见此自性即是解脱。

道须流通，何以却滞？
心不住法，道即通流。
心若住法，名为自缚。

——《坛经·定慧品》

【助解】六祖法门有三大纲：无念为宗，无相为体，无住为本。六祖说"于诸法上,要学着念念不住,念念之中,不思前境,"就落实了"本来无一物"。"应无所住而生其心"。

心住于法就不是于念离念于相离相了。"诸法实相"是说一切法无相,因此才以无住为本,心常住了境缘上,起惑造业,轮回不已。修行人"住法"是修行人自己系缚自己。因为法是"通流"的,修行人自缚以后法就不在你身心上通流了,你的"住法"成了梗阻,六祖说"若百物不思,当令念绝,即是法傅,即是边见。"一切善法不流通流便成死法,住于法者便了。

"法执"《坛经》还说:一念若住,念念即住,名系缚。于一切上,念念不住,即无缚也,此是以无住为本。

念:心于外境上起了贪染。《法宝坛经·定慧品》:"于诸境上,心不染曰无念。"无住为本:心不滞留于法或境为根本宗旨。

一念若住便是妄念。六祖说:"自在解脱,名无念行。"倒过说:无念行才是自在解脱。

智者无为,愚人自缚。……迷生寂乱,悟无好恶。一切二边,良由斟酌。梦幻空花,何劳把捉?

——僧璨语录

【助解】悟透事理后就没有了爱好与憎恶。一切事理皆存在相对的两端。智与愚相对，迷与悟相对，是"二边"。"寂"与"乱"，"好"与"恶"，也是"二边"。就看你的心智水平了，你是选择自我束缚呢，还是选择解脱呢？为什么智者无为呢？因为一切都是"梦幻空花"，去把捉，实跟猴子在水中捉月亮一样徒劳而滑稽。

眼若不睡，诸梦自除。心若不异，万法一如。

——僧璨语录摘自《金刚经集注》

【助解】不睡，自然无梦。用此心生种种法生，万法不能一如，是因人分别、执边见的缘故。

涅槃与世间，无有少分别。世间与涅槃，亦无少
分别。

——龙树《中论·观涅槃品》

【助解】翻过来倒过去，无非是在说：涅槃与世间是豆腐一碗、一碗豆腐。确认这一点就地成佛论才能成立。

解脱即是大涅槃。

——《大般涅槃经》卷三十八

【助解】佛教之解脱是门大学问，包含着因缘业报之发生学、无念息心之修养论，自度度他之行动观。涅槃不是死寂，而是出离旧我建成新我、突破小我趋向大我的新生运动。

解脱即涅槃，简言之：破我成佛。解脱起步于持戒离欲。

灭爱名涅槃。

——《十二门论·观一异门品》

【助解】解脱的关键是"灭爱"。这个"爱"是起贪恋执着的欲望、愿力。不是大慈大悲的那种爱，那种爱是无我的。

佛教是用减法的，佛光恰如X光，能将美人看成骷髅。用未来观现在是佛门"看透"诸相的一个秘密。

《方广大庄严经》卷六有言：

我今观此淫欲境，一切变坏如臭尸。

愿得永出诸爱缠，不复于中生执着。

由爱故生忧，由爱故生怖；

若离于爱者，无忧亦无怖。

——《妙色王因缘经》

【助解】《妙色王因缘经》：略称《妙色王经》，一卷，唐朝义净译。说佛过去当妙色王时，求法忘势、舍妻子并自身、奉食于夜叉等等，依此因缘，后来成佛。

卿不被缚，自想为缚。

——《魔逆经》

【助解】《魔逆经》：一卷，西晋竺法护译。讲大光天子与文殊师利问答魔事，魔屡屡来乱法，文殊五次缚魔。

十八层地狱尽人皆知，其实还有第十九层地狱，叫"想地狱"。文殊对魔（叫波旬）讲了一通"无想般若学"的大道理，想让波旬明白"蠲除此秽（虚伪之想），名曰解脱"从而从"自缚"的状态中解脱出来。

断烦恼者，不名涅槃。不生烦恼，乃名涅槃。

——灌顶《大般若涅槃经玄义》卷上

【助解】断伏烦恼还只是后发的、被动的解脱，所以不算涅槃。灌顶说：只能伏烦恼者只是凡夫。而"不生烦恼"才叫真觉悟了呢。

观生死即涅槃，烦恼即菩提，理涅槃也。能如

此修与修多罗合，文字涅槃也。所观如文、文如观，观行涅槃也。六根清净，相似涅槃也。无明破，佛性理显，分真涅槃也。等诸佛，同大觉，究竟涅槃也。

——智顗《四念处》卷四

【助解】理涅槃：从理念上修证涅槃功德。演变成后来的"理禅"。多罗合：岸树之果，喻指到达彼岸的佛果。文字涅槃：通过学习经、律、论而修证涅槃功德。演化成后来的"文字禅"。观行：于心观理，然后按照理法而身体力行。通过这种修证途径到达涅槃境地，便叫观行涅槃。"六根清净"二句：能六根清净就与涅槃相似了。无明破：破除了"无明"（痴惑）。分真涅槃：天台宗说法，分断无明（"无明破"）、分证中道之位（"佛性理显"），止和观统一而证得涅槃。

等诸佛：与诸佛一样。同大觉：与无上菩提正觉相同。究竟涅槃：终极涅槃。

涅槃是佛教全部修习所要达到的最高理想，其实质是指熄灭了"生死"轮回劫数而获得的绝对自由的境界。智顗的讲论让人获得一个观念：条条道路通涅槃。

大乘佛法是自证成佛法，佛是觉悟了的众生，众生是尚未觉悟的佛。众生一旦通悟佛能证所证之心境，便功德圆满、过患寂

灭（涅槃）了。佛只是无上菩提、无上涅槃的转依果。"归元无二
地，方便有多门。"众生通过修证"理涅槃"、"文字涅槃"、"观
行涅槃"、"相似涅槃"、"分真涅槃"即可成佛。这么多成佛之
路展示出成佛有极充分的可能性；关键看你本人愿意与否、能否
"自为解脱"了。王阳明解释孔子的"唯上智与下愚不移"：不是
不能移，是不肯移。

常无住着希望，乃是真解行也。

——法藏《华严经义海百门·修学严成门》

【助解】法藏自己这样解释："不作一切解，解心无寄，是
为大解也。""不作一切行，行心无寄，是名大行也。"希望是寄
托，是贪取、念住，是反解脱的。解行是知解与修行。

众生妄执，念念迁流，名之为苦。菩萨教令了蕴
空寂，自性本无，故云离苦。

——法藏《修华严奥旨妄尽还源观》

【助解】"妄执"是念念迁流。"妄执"如毒器，把什么装进
去都会变成毒药。要离苦得乐，必须起情离见，不在识情分别中
过活。"妄执"相当昏醉，"了蕴空寂"相当酒消。《入楞伽经》卷

四："譬如昏醉人，酒消然后悟。"了蕴空寂：明白五蕴皆空、寂静无所有。

> **心无所生，都无所着。心常乐一，万事不起。**
>
> ——《大哀经·智本慧业品》

【助解】心常乐一：内心安于平等一如之性空原理。

这是支敏度在东晋创立的"心无宗"的主要依据于此经。心无所生、无所贪着，就冥合了空寂的佛性。

> **具足六神通，三明八解脱。**
>
> ——《妙法莲花经》卷六

【助解】成佛要求具备：六神通、三明、八解脱。

六神通：天眼通、天耳通、他心通、宿命通、神足通、漏尽通。

三明：智明、天眼明、漏尽明。与六神通之宿命通、天眼通、漏尽通内容一致。

八解脱：一、内有色想观外色解脱，二、内无色想观外色解脱，三、净解脱身作证具足住，四、空无边处解脱，五、识无边处解脱，六、无所有处解脱，七、非想非非想处解脱，八、受想定身作证具住。

解脱无解脱，假号曰境界。

——《佛说大方等顶王经》

【助解】真正的解脱就纯空了，是没有名相的，常说的解脱境界是"方便假名"而已。

若乐若苦等，犹如空中迹。

——《大乘顶王经》

【助解】苦和乐都只不过是鸟飞过的"空中迹"罢了。

正修行者，无缚无解。

——《集一切福德三昧经》卷中

【助解】履空自然无"缚"，也就无须"解"。

心空则天地虚寂，心有则国土峥嵘；
念起则山岳动摇，念默则江河宁谧。

——延寿《唯心诀》

【助解】"唯心"的含义就是"只是心"。外境全由心设。恰如费希特之"自我设定非我"。佛教认为心为万法之主,故常将心称"心王"。

意地清而世界净,心水浊而境像昏。

——延寿《唯心诀》

【助解】我们应该这样来理解:世界净否是与你的"意地"(心田)清与不清相关的;外部境像昏浊是你"心水浊"造成的。总而言之,你要负全责。这正是佛教虽唯心却有积极意义的原因之所在。

痴爱成解脱真源,贪嗔运菩提大用。
妄想兴而涅槃观,尘劳起而佛道成。

——延寿《唯心诀》

【助解】这叫"相反助资",道理还在"不二法门"。延寿强调"三界唯心"、"万法唯心",为造成语言的对立感,故意将两端一齐提撕,以示"大道常在目前"!其实两端中间的学问大着呢。

智者应观身，不贪染世乐。

无累无所欲，是名真涅槃。

——智顗《童蒙止观·诃欲》

【助解】人是应该重视自己的性命呢，还是应该让性命被身外之物欲吞没呢？以涅槃为究竟福地的佛教毫无疑问主张必须摒弃外累俗乐。

涅槃名为除灭诸相，远离一切动念戏论。

——《思益梵天所问经·分别品》

【助解】"除灭诸相"的关键是不起妄念。"戏论"是口说不行、知行歧出的谈论佛法其实是种精经的"妄念"，而且比偏执、僵死的邪见还可怕。因为它不真诚从而没有标准，想应对它来个反手而治也困难得很。

僧问："如何是解脱？"师曰："谁缚汝？"

又问："如何是净土？"师曰："谁垢汝？"问：

"如何是涅槃？"师曰："谁将生死与汝？"

——希迁语录摘自《景德传灯录》卷十四

【助解】谁将生死与汝：谁让你非流入生死轮回不可了？生死，即与涅槃相对立的生死轮回。与，给。

禅宗一门此类话头颇盛。傅大士这样形容貌似正常却恰反常的正常人的生活："空手把锄头，步行骑水牛。人从桥上过，桥流水不流。"

希迁说法的大旨是："性非垢净，湛然圆满，凡圣齐同，应用无方，离心意识。三界六道，唯自心现，水月镜像，岂有生灭？汝能知之，无所不备。"

李砕在《佛教与人生》中说："佛教人以涅槃，不过证得法性常住，便知法相如幻，而后有事可做，而后才能做事，而后不做冤枉事。所以佛的无尽功德就从涅槃而来。"

这叫"从空明有"，不知死焉知生！

孔夫子不知生焉知死的实用理性——肯定生活的人生观，从根基上取消了中国人的宗教情怀、使中国的重生极易沦为苟活。而佛教的整个体系正好倒过来，从最后的涅槃境界来看日复一日的日子，便知道该怎么选取道路和方法，怎样"不做冤枉事"。

每个人都该以涅槃为原点来建立自己的坐标。《弗斯泰教育文选》讲："三思吧，当你临死躺在床上时你怎样总结你这一生！"

　　《钢铁是怎样炼成的》中的保尔·柯察金在公园的椅子上捧着自己的头，像个铁面无私的法官对自己逐年加以审判，然后才说出了那段名言：生命属于每个人只有一次。他的一生应当这样度过：当他回首往事不因碌碌无为而羞耻，也不因虚度年华而悔恨……

非法非非法

我于凡愚不开演，恐彼分别执为我。

——《解深密经》卷一

【助解】良法美论到了凡愚手中可能成为毒药，因为他们最擅长妄作"分别"，断章取义支持自己那点边见，自我成为"我执"的牺牲品。

一切行非行，一切说非说，一切道非道。

——《胜思唯梵天所问经》卷二

【助解】佛教中任何宗门都从"教、行、果"三层面来编织自己的体系。教即教义，即此处所谓"说"；行即修行、行法，即此处所谓"行"；果，即修行所得的佛果，得道后的所获致的果位，或简称为"得道"。而此段箴言以法性空原则否定了一切"教、行、果"，旨在使修行人莫着相、莫陷入形式主义的偶象崇拜中。在原经文中紧接着做了具体解答：

曰：何谓一切行非行？善男子，若（因为），人行道千万亿劫然于法性不增不减，故一切行非行。（人的行为丝毫不影响法性，所以是"非行"）

曰：何谓一切说非说？如来以不可说相说一切法，故一切说非说。

曰：何谓一切道非道？善男子，以无所至故一切道非道。

若求法者，于一切法应无所求。

——《维摩诘所说经·不思议品》

【助解】因佛法本空故。

但本经又要求："夫求法者，不贪躯命。""法无戏论"。真正的旨意在相，去"真性自用"、"明心见性"。若贪着于法，会被法执。

空有云云，为坑为阱。有胶于文句不敢动者，有流于莽浪不能住者，有太远而甘心不至者，有太近而我身即是者，有枯木而称定者，有窍号而称慧者，有奔走非道而言权者，有假于鬼神而言通者，有放心而言广者，有罕言而为密者，有凿舌潜传为口诀者。凡此之类，继视为家，反

经非圣，昧者不觉。

——梁肃《天台止观统例》

【助解】"空有云云"二句：说有谈空都是陷阱。罥：捕捉野兽的陷坑。莽浪：鲁莽孟浪。定：禅定。窃号而称慧：声称自己的一孔之见，标榜自己有了佛智。"奔走非道"句：不走正道还说自己走的是方便法门。假：借用。放心而言广者：放逸本心、轻心掉举反而自己取境广大高远。罕言而为密者：不说话故弄玄虚，说自己是密宗。密宗，主要靠持咒、打坐来修行，与显宗、显教大不相同。显靠解、密靠行。凿舌潜传为口诀者：口耳相传一些白话说是口诀。继视为家：标榜自己是继教主之后的名家。反经非圣：违反经训，非议圣人。昧者不觉：愚昧的人不知道。

梁肃讥刺的是佛门丑态，直到20世纪30年代印光大师《宗教不可混滥论》还这样揭发佛门流弊。其实这也是学界通病。我们每个人都可能染有其中某种、或数种毛病。

语以得义，义非语也，如人以指指月，……语为义指，指非义也。

——《大智度论》卷二十五

【助解】通过语言得到语义，语义不在语言本身。

语言是指月的那个指头，指头不是月亮。

意在言中更在言外，言与意的关系是思辩哲学的基本问题。"指月"这个妙譬遂成为著名的公案。任何一本禅宗语录都著录指月公案。

当知义者，不可言说。

——《华手经·求法品》

【助解】在佛教内部一直存在着肯定言说与否定言说的两派。禅宗一脉是否定言说的重要性的，他们标榜"明心见性"，认为对"言音文字差别取相追求"是悖道的（详见《坛经》）。这其实否定了教义的重要性，所以禅宗自称"教外别传"。但也有强调必须重视教义的，如天台宗。强调教义的一般都坚持认为："般若波罗蜜因语言文字章句可得其义。""若失语言，则义不可得。"

真正的"义"是只可意会不可言说的。也就是说存在着不容被语言扭曲的高义、大义。

语言度人皆是有为虚诳法。

——《大智度论》卷三十一

【助解】因为"除非不说，一说即有可破。""若有所说，皆是可破，可破故空。"因为根本性空，任何"有为"皆是"虚诳"。更因为："诸有言说，皆是识处。识所知法，皆是世间。"用世间的道理让人出世间，像让人骑着毛驴上天一样荒唐。

这是极"不受一尘"，圆融佛法同时还要求"不舍一法"。修成佛法须于开悟令广阅群经、的实商量，不然会退位、看不住一悟心开的成果。

若为人欲而说法，彼名舍欲还取欲。

——《解深密经》卷三

【助解】说法都是针对人欲的，成佛的愿力也是一种欲，用成佛欲取代作业欲是修行本务。俗谛与真谛是事与理的关系。教家"真俗并阐"，宗家"即俗说真"，究竟处在破我成佛。

药多病甚，网细鱼稠。

——楚圆语录摘自《五灯会元》卷十二

【助解】奉行的法门越多越难受，不如直指本心，了当明快。

问："如何是狮子吼？"

师曰："阿谁要汝野干鸣！"

——《景德传灯录》卷十三

【助解】狮子吼：比喻佛教神威，发大声音能震动世界。《传灯录》云：释迦牟尼生时，一手指天，一手指地，作狮子吼云：天上天下，唯吾独尊。野干鸣：喻指外道瞎说。

人人都想作狮子吼，其实往往不过是野干鸣。

贪着禅昧，是菩萨缚。

——《维摩诘所说经·问疾品》

【助解】善入不善出者当以此为戒——"菩萨缚"也是"缚"。一贪着便背离了禅得到了缚。

智皆非常苦，心乱便随流，所见必有对。

——《佛说法华三昧经》

【助解】妄用脑筋的"智者"处在边见之网中（所见必有对），不能真性自用，便心乱无主，便随波逐流。这种苦是不能正知正见正受正思维之苦。《镇州临济慧照禅师语录》云："智剑出

241

来无一物，明头未显暗头明。"

> **行时便看行的是谁，住时便看住的是谁，坐时便看坐的是谁，卧时便看卧的是谁；乃至你道不会，只看不会的是谁，现今疑虑，看这疑虑的是谁。如是看来看去，看到豁然爆地一声，方知非假他求。**
>
> ——天琦禅师语录转引自太虚《佛学入门》

【助解】"我从哪里来？我往哪里去？我是谁？"是20世纪西方哲学的主潮，却是五千年来东方哲学的基调。在茫茫人海、日常劳作，人最易丢失的就是自己的本性。"我是谁？"、"谁是我？"明末天琦禅师倡参"谁"字话头，当时蔚为风尚。

> **履逆而自顺，处刚而自柔，临高而不危，在满而不溢。可谓端居绝学之地，深履无为之源，入众妙之玄门，游一实之境界。**
>
> ——延寿《唯心诀》

【助解】这已不是纯粹的释家口吻，更像道家的语言、道家的人生姿态及其智慧。什么"履逆而自顺，处刚而自柔"这是标准的《道德经》中句式。当然这也是中国人的生活艺术。"端居绝学之地,深履无为之源"也是释道两家通用的规范。"入众妙之玄门"是道,"游一实之境界"是释,"众妙之玄门"是个"无","一实之境界"是个"空"。这便是中国的智识者"智穷性海,学洞真源"(延寿《宗镜录序》)后所选取的境界。作为个人性的人生哲学,它是深邃的,一旦成为群体性的传统,这种"无为"就成了"停滞的中国"一个重要成因。

百种多知,不如无求,最第一也。道人是无事人,实无许多般心,亦无道理可说。

——希运黄檗禅师《传心法要》

【助解】佛经汉译东传过程中,大量地借用了道家的语汇,什么"无依道人"、"无心道人"之类,当时译的时候是觉得相当妥贴的。后来人便相沿成习。"道人是无事人"是禅宗一脉的话头,并非"放心",只是不假外求于事,以集中精力直探心源,以期明心见性,顿悟成佛。

不可滞方便之说、迷随事之名,谓众生非真,诸佛是宝。

——延寿《唯心诀》

【助解】前两句是"方法论",后两句是"价值观"。世人谁不滞方便之说,谁不迷随事之名?这是人类通病。唯佛觉悟了没有这种病。单凭这一点,佛就是宝。但延寿及所有禅师的怕让"众生"绝望反而放弃了成佛的信心、兴趣,所以来个凡圣平等(后两句),反正佛也不在乎。

世间的实相即是出世间。

> ——《诸法无行经》

【助解】实相说是佛教的真理论。世间的真理在出离无明、轮回。本经还说:

有为法的实相即是无为。

本生末而末表本,体用互兴;
真成俗而俗立真,凡圣交映。

> ——延寿《唯心诀》

【助解】"本生末"就是本质决定现象,"末表本"就是现象表现本质。"体"可以理解为结构,"用"可以理解成功能。"互兴"就是一体共生,相互激发。

真谛是俗谛得以成立的依据,俗谛虽俗却确切地显现着真谛。凡俗与神圣相互衬映,既是对待关系,又是相对的、可以转化的。

真理不碍万差。

——法藏《修华严奥旨妄还源观》

【助解】真理是"共相",万差是"殊相"。一月印百川。

维摩默答,欲表理出言端;

天女盛谈,欲彰性非言外。

——杜顺《华严五教止观·语观双绝门》

【助解】维摩:维摩诘,道性高深的居士,详见《维摩诘所说经》。理出言端:高深的道理超乎语言的表达能力之外。盛谈:侃侃而谈。性非言外:佛性不在语言之外。

等于说淡抹浓妆都可以——不说有不说的道理,说有说的道理。

去妄而求真,舍波而寻水。……

据妄以作真,认贼以为子。……

——杨度《真如生灭偈序》

【助解】"去妄"不行,只能波中寻水。"据妄"也不行,不能识贼作子。

在舍只言为容易,临川方觉取鱼难。

——普满语录摘自《五灯会元》卷十三

【助解】在家里一个劲儿地说干着容易。

到了河边才发觉捕鱼不易。

常当唯念道,自强守正行。

——《法句经·放逸品》

【助解】《法句经》:亦译为《法句集经》《法句集》《法句录》《昙钵经》《昙钵偈》等。古印度法救撰,三国时期吴国竺将炎和支谦译。二卷,三十九品,七百五十二偈。系采录散见于早期佛经(十二部经、四阿含)中的偈颂,分类编集而成。在古印度作为佛教的入门读物,至今仍为南传佛教信徒的必读书。

这像儒家的"守死善道"、"自强不息"的做人原则了。

自除己垢,可谓为道。

——《法句经·沙门品》

【**助解**】道体纯净，所以每去一分垢则近一分道。这种去垢说与儒家"吾日三省吾身"之反省精神、基督教赎原罪的忏悔精神有相通之处。当然也与后来的"洗脑筋"、"洗澡"有藤瓜之嫌。《法句经·尘垢品》："洗除心垢，如工炼金。"让人想起"革命熔炉火最红"。

断欲守空，即见道真，知宿命矣。

——《四十二章经》第十一章

【**助解**】人们常说的"知命"、"认命"就是不再挣扎、不再折腾了，暗合了"断欲守空"之道。佛教的宿命是前世因缘的意思。

佛教将"知宿命"作为"智慧解脱"的重要功课。

直心念道，可免众苦。

——《四十二章经》第四十章

【**助解**】"直心是道场"（《维摩经》），"念道"是以道为念，努力去证道。本经用了两个比喻来形容"免众苦"：像负重的牛出离深坑，像大象出离坎陷。

天下有五难，贫穷布施难，豪贵学道难，制命
不死难，得睹佛经难，生值佛世难。

——《四十二章经》第十章

【助解】贫穷布施难是因为没钱。豪贵学道难是因为他觉
得不需要，他正踌躇满志、意骄心盛，不需要神圣来拯救，这种
人肚子饱了灵魂反而更粗恶。得睹佛经难是世人心地离佛的世界
太遥远，根本不能领会佛说的是什么，就像非音乐的耳朵听不懂
音乐、不识字的人看不懂文字符号表达什么意思一样。制命不死
难：要命的地方被击中想不死不容易。

初心不能入，云何获圆通？

——《楞严经》卷十二

【助解】初心：初发心，最初的心念。入：入佛理法门。有
"法入"、"理入"等说法。这是强调"第一次"的重要性，不能契
入，便在门外。

圆通：妙智所证之理。性体周遍为圆，妙用无碍为通。

归元性无二，方便有多门。

圣性无不通，顺逆皆方便。

——《楞严经》卷十二

【助解】归元：返本。性无二：法性只是一个"空"。顺逆皆方便：从正面顺着悟道、从反面逆着悟道都行得通。

顺缘方便如"诸善奉行，诸恶莫作"；逆缘方便如忍辱波罗蜜。

先知法住，后知涅槃。

——《杂阿含·三四七经》

【助解】就是不能直奔涅槃，要经过修炼，依照佛法把每个环节的工作都做好（这叫"知法住"）。现代著名学僧印顺这样解释："法住"不可省，"要解脱生死，必须先有信、戒、闻、施等善行方便，也不是什么都不要。无论是理解、是行为，从有达空，是必然的过程。"（《性空学探源》）

依有明空。

——印顺《性空学探源》第一章

【助解】印顺自作的解释最权威："是说对于缘起因果法

相之'有'，必先有个认识，'五蕴皆空'，也是从每一蕴上照见其空。"法性的空理——空性也必须在具体法相上去显示它。(《性空学探源》)

印顺：现代著名学僧，受学于太虚法师，曾以专著《中国禅思想史》获日本大正大学文学博士，历任香港佛教联合会长、《海潮音》月刊社长，弘法海外，著述宏富。

知空不即能知有。

——印顺《性空学探源》第一章

【助解】印顺自己这样解释：根本佛教(与一分大乘学者不同)认为必须先得世俗法住智，对缘起法相得到正确认识，然后再去体验真理而明空。后来的学者不能事先深切决了世俗，下手就空，每每为空所降，偏滞于总相空义，不能善见缘起，往往流于怀疑或邪正混烂的恶果。

所以记着：知空不即能知有。

得这真俗相依的无碍解，才能起真俗相成的无碍行。所以菩萨入世利生，门门都是解脱门。

——印顺《中观今论自序》

【助解】这是古老的理事圆融论的现代回声，也是大乘佛教的"大雄风姿"：真俗相成的无碍解、无碍行才是成熟圆满的人生对策；入世利生与众生同步解脱门才是佛的真正宗旨。

吕徵说中国的佛教徒其实走的是小乘的路子：隐遁禅林，自利解脱。印顺呼吁无碍解、无碍行也包含着针砭这种倾向的立意："独善的学者沉醉在自净其心的涅槃，忽略自他和乐、依正庄严的一切。释尊的正觉内容受了苦行厌生时机的歪曲。"他还说："自私本质的神我论者，没有为他的德行，什么都不过为了自己。……真智慧与真慈悲即缘起正觉的内容。"

唯有无我，才有慈悲。从身心相依、自他共存、物我互资的缘起正觉中，涌出无我的真情。

——印顺《中观今论自序》

【助解】"无我的真情"是伟大的奉献精神、英勇的牺牲精神，超越了"小我"为"大我"而大慈大悲的宗教精神。佛教善恶的标准是自私为我是恶，无我利他是善。

根据无我原理，应用到人生，就见到人生是最平等了。

——太虚《法相唯识学》下册

【助解】因为"无我"是"平等"的初步和保证。

太虚(1890~1947)，俗姓吕，法名唯心，字太虚，终生以振兴佛学、改革佛教为职志。主编《海潮音》月刊历时近三十年，1928年在南京创立中国佛学院，为中国僧人赴欧美传播佛教之始。从20年代起，他先后创办了武昌佛学院、汉藏教理院、大雄中学，并主持过闽南佛学院、柏林教理院。有《太虚大师全书》传世。

从空去建立正确合理的有。

——印顺《性空学探源》

【助解】佛法的觉世大用就在于要求世人先知死后知生，以涅槃为起点反过来设计这只有一次的生命。

无有可舍，是达有源；无空可住，是知空本。

——王维《六祖慧能禅师碑铭》

【助解】王维：盛唐著名诗人，信佛，诗有禅韵，世称"诗佛"。

无有可舍：因为有是假有，故无有可舍。是达有源：有的源头是空。

学道见谛,愚痴都灭,得无不见。

——《四十二章经》第十四章

【助解】这里所展示的是得了真谛之后的境界,就是"智慧"(愚痴都灭)、"空灵"(得无不见)。

空本无空。

——《金刚经》

【助解】就是"真空不空"。

凡夫不肯空心,恐落于空,不知自心本空,愚人除事不除心,智者除心不除事。

——黄檗禅师语录 摘自《金刚经集注》

【助解】李叔同主张:身在事中,心在事上。

如来所说法,皆不可取,不可说,非法非非法。

——《金刚经》

【助解】这是须菩提概括佛祖法语的话，获佛认可。取是"行"，说是"解"信解行证，最后落实到证，能够亲证佛法才见性成佛。不可取：对如来所说的佛法只可以心悟性修不可以色相取。不可说：对如来所说的佛法，只可意会，不可言说。法相是有、非法相是空。空和有都得舍，都不能执着。修行人住非法也是烦恼，如二乘人。非法是对法的否定，人中不住非法相才是清净心。

《金刚经》中如来所说的佛法是"无相之法"（诸相非相）。从真谛意义上讲"无法"，从俗谛的意义上讲"有法"。《金刚经》反复讲"不应取法，不应取非法"。黄檗禅师注云："谓无即成断灭，谓有即成邪见。"所谓的"不可取"是怕学人误会如来的"无相之理"，所谓的"不可说"，是怕学人泥定章句，徒生歧解。"非法非非法"是告诫世人不要偏执，应该有灵透的妙悟、圆融的理解。

《金刚经》呼吁不能"非法非非法"之双非圆融中道观，不为两边所动，才得"中"，才能起圆信，立圆说，兴圆行。傅大士的注文可资助解：

　　菩提离言说，从来无得入。

　　须依一空理，当证法王身。

　　有心俱是妄，无执乃名真。

　　若悟非非法，逍遥出六尘。

一、原理——现实主义（即法尔如是）

二、动机——平等主义（即大慈悲性）

三、办法——进化主义（由人生而佛）

四、效果——自由主义（即无障碍义）

——太虚《佛陀学纲》

【助解】《佛陀学纲》的这几个小标题，展现了现代佛学引进各种主义的大致模样。太虚解释其宗旨说："佛学不是消极的、厌世的，或迷信的，而是发达人生到最高最圆满的地位的。以最高成佛为模范，把人的本性实现出来，从人生体现出全宇宙的真相，才完成人的意义。"

不可言说不可说，充满一切不可说。

——《华严经》卷四十五

【助解】那么我们就此打住。

万法归一，一归何处？